1

Unterrichtsmaterialienreihe
›Wissen um globale Verflechtungen‹

MENSCHEN.

NUTZEN.

NATUR.

Zum Umgang mit Rohstoffreichtum in Lateinamerika

für die Sekundarstufe I & II

Koordination
Anne Tittor, Nicole Schwabe

INHALT

Die Unterrichtsmaterialienreihe ›Wissen um globale Verflechtungen‹ wird von einer Gruppe von Wissenschaftler_innen[1] aus dem Umfeld des *Center for Inter-American Studies* (CIAS) und dem Forschungsprojekt ›Die Amerikas als Verflechtungsraum‹ an der Universität Bielefeld sowie von Mitarbeiter_innen des Kompetenznetzes Lateinamerika erstellt. Die Reihe verfolgt das Konzept des ›Globalen Lernens‹. Demzufolge sind gegenwärtige Prozesse nicht mehr allein im Rahmen von engen kulturellen, politischen oder nationalen Grenzziehungen beschreibbar und verstehbar. Vielmehr gilt es, historische Verflechtungen und Austauschprozesse in den Blick zu nehmen, die sich in aktuellen Konstellationen widerspiegeln.

Die Mappe ›*Menschen. Nutzen. Natur.*‹ thematisiert anhand verschiedener Fallbeispiele den Umgang mit Natur und geht dabei auf aktuelle wie alternative Formen der Nutzung von Natur ein. Dabei werden politische wie auch ökonomische Aspekte von Auseinandersetzungen um die Nutzung von Rohstoffen betrachtet und Widersprüche aufgezeigt. Gleichzeitig geht es darum, Alternativen zu einem dominanten Nachhaltigkeitsdiskurs und Entwicklungskonzepten zu diskutieren. Dabei sollen Ungleichheiten und Machtstrukturen mitgedacht werden. Die Schüler_innen sollen dazu angeregt werden, vor dem Hintergrund globaler wie lokaler Problemfelder selbst über alternative Handlungsmöglichkeiten nachzudenken.

Der **regionale Fokus** der Materialien richtet sich auf Lateinamerika. Von dieser Region ausgehend werden globale Perspektiven, Verflechtungen sowie Nord-Süd-Interdependenzen thematisiert. Die Ausbeutung von Rohstoffen und die daraus resultierenden ökologischen wie sozialen Folgen werden dabei als ein Phänomen betrachtet, das mit einer kolonialen Vergangenheit in Verbindung steht.

Die Mappe richtet sich insbesondere an die Fächer Geographie und Sozialwissenschaften. Eine ausführliche Sachanalyse zum Thema ›Umgang mit natürlichen Ressourcen in Lateinamerika‹ finden Sie unter folgender Url: *www.uni-bielefeld.de/cias/unterrichtsmaterialien.html/dossier_2* Sie soll ein Angebot für Lehrer_innen sein, ihren Unterricht individuell zu gestalten. Beispiele für verschiedene Cluster, die sich aus diesem Baukastensystem ergeben können, finden sich im Anhang der Mappe (siehe Anhang: Beispiele zum ›Baukastensystem‹). Durch dieses System bietet die Mappe auch eine Anregung für fächerübergreifenden Unterricht. Um Ihnen verschiedene Beispiele für die Kombination der Einheiten zu geben, finden sie auf den folgenden Seiten sogenannte ›Clusterbeispiele‹ für Unterrichtseinheiten zu verschiedenen Oberthemen, die sich aus einer Lehrplanrecherche verschiedener Bundesländer herauskristallisiert haben.

Die Lehrperson kann flexibel auswählen, welcher Schwierigkeitsgrad der Materialien für die jeweilige Klasse angemessen ist. Im Inhaltsverzeichnis findet sich der Hinweis, welche Teile besser für die Sekundarstufe I bzw. II geeignet sind. Bei den Kapiteln ›Konflikte um die Nutzung von Rohstoffen im brasilianischen Amazonasgebiet‹ und ›Protest im rheinischen Braunkohlerevier‹ liegen verschiedene Versionen mit unterschiedlichem Schwierigkeitsgrad für die Sekundarstufe I und II vor. Die Materialien können an die Arbeit mit verschiedenen Lerngruppen angepasst werden, indem entweder einzelne Teile der Kapitel ausgelassen bzw. ergänzt werden oder indem die passende Version ausgewählt wird.

Wir danken herzlich allen Lehrer_innen und Expert_innen im Globalen Lernen, die das Material ausprobiert und uns eine Rückmeldung dazu gegeben haben.

Hinweise zur kostenlosen Bestellung der Zusatzmaterialien finden Sie unter www.uni-bielefeld.de/cias/unterrichtsmaterialien.html

[1] Der Unterstrich wurde in dieser Mappe als gendergerechte sprachliche Darstellungsform gewählt, um dem dominanten Gebrauch des generischen Maskulinums entgegenzuwirken und gleichzeitig einer sozialen Realität gerecht zu werden, die sich nicht auf binäre Geschlechteridentitäten reduzieren lässt.

[2] Ein Dossier mit Erläuterungen zu den didaktischen Überlegungen der Unterrichtsreihe ›Wissen um globale Verflechtungen‹ finden Sie unter folgender Url: www.uni-bielefeld.de/cias/unterrichtsmaterialien.html/dossier_1

Piktogramme

Die benötigten Medien befinden sich im Zusatzmaterial.

Aufgabenstellung

Informationen für Lehrkräfte

VON ANNE TITTOR

EINFÜHRUNG
NEO-EXTRAKTIVISMUS

In diesem einführenden Kapitel zum Thema ›Neo-Extraktivismus‹ soll es allgemein um Rohstoffe sowie deren Export gehen. Die Schüler_innen erhalten dabei einen Einblick in das Themenfeld Rohstoffnutzung und erarbeiten sich ein Basiswissen zu Rohstoffvorkommen, Export-ländern, Folgen und Konflikten um den Rohstoffreichtum in Lateiname-rika. Außerdem setzen sie sich mit der neueren politischen Debatte um Neo-Extraktivismus und der Rohstoffnutzung als zentralem Pfeiler von ›Entwicklungs‹programmen auseinander.

Unterrichtsphase	Wesentliche Aspekte des Interaktionsgeschehens	Sozialform	Medien	Didaktische Begründung
Einführung Überblick: Rohstoffe aus Lateinamerika (45 Min.)	**1. Einstieg zunächst ohne Grafik (ggf. unter Verwendung einer Umrisskarte der Region).** • Was gilt als ›Rohstoff‹? • Welche Länder in Lateinamerika kennen Sie? • Welche Produkte exportieren diese Länder? **Betrachten Sie die Überblicksgrafik zu Rohstoffförderung in Lateinamerika.** • Welche Länder fehlten in Ihren Überlegungen? • Welche Produkte fehlten? • Welchen Anteil macht der Rohstoffexport jeweils aus und was denken Sie, welchen Einfluss dies auf die jeweiligen Wirtschaften und Gesellschaften hat? **2. Wohin, glauben Sie, gehen die Exporte? (zunächst ohne Grafik). Betrachten Sie danach die Grafik zu Rohstoffexporten.** • Welche weiteren Informationen lassen sich daraus erkennen?	Einzelarbeit oder Partnerarbeit	2 Grafiken	Das Vorwissen der SuS zum Thema Rohstoffförderung und Rohstoffexporte soll zusammengetragen und im Unterrichtsgespräch vervollständigt werden. Am Ende der Einheit soll eine Wissensbasis zu Rohstoffvorkommen und Exportabnehmern bestehen.
Sicherung	Sammlung und Vervollständigung dieser Überlegungen finden wieder im Unterrichtsgespräch statt.	Unterrichtsgespräch		
Erarbeitungsphase 1 Film Neo-Extraktivismus (25 Min.)	SuS schauen sich zwei Mal in der Klasse gemeinsam den Einführungsfilm ›Was ist Neo-Extraktivismus‹ an (3:50 Min.) und machen sich Notizen zum Film. Im Anschluss werden in Dreiergruppen die zentralen Aussagen des Films auf verschiedenfarbigen Metaplankarten gesammelt.	Gruppenarbeit	Film ›Was ist Neo-Extraktivismus‹ Metaplankarten	Der Film führt in die Debatte um Neo-Extraktivismus ein. Über die Gruppenarbeit erschließen sich die SuS dessen Inhalte
Sicherung 1 (20 Min.)	**Präsentation der Gruppenarbeitsergebnisse:** Jede Gruppe präsentiert ihre Metaplankarten, hängt sie an die Wand und erläutert kurz ihre Aufzeichnungen.	Gruppen-präsentationen + Unterrichtsgespräch		

Erarbeitungsphase 2 (20 Min.) (oder als Hausaufgabe)	SuS lesen den Einführungstext ›Ein *neuer Extraktivismus* als Weg zu nachhaltiger Entwicklung?‹ gründlich durch und markieren dabei die wichtigsten Aussagen und zentrale Begriffe. Die Hauptaussagen des Textes sollen kurz in eigenen Worten zusammengefasst werden.	Einzelarbeit	Text: Ein ›neuer Extraktivismus‹	Der Text greift die Themen des Filmes auf und gibt einen tieferen Einblick in die Thematik
Optional **Erarbeitungsphase 3** Konflikte um Rohstoffe in Lateinamerika (45 Min.)	SuS recherchieren in Kleingruppen selbstständig auf der englischsprachigen Homepage des Environmental Justice Atlas www.ejatlas.org . Es gibt sechs Arbeitsgruppen, die sich jeweils auf einen Aspekt fokussieren. *Hinweis: Es bietet sich an, schon hier auf die Beispiele einzugehen, die im weiteren Verlauf der Unterrichtsreihe vertieft werden sollen. (Also z.B. Bergbau in Potosi, Bolivien; Ölförderung in Ecuador; Kohleabbau in Kolumbien)* **AG1** In welchem Land sind die meisten, die zweitmeisten und die drittmeisten Umweltkonflikte verzeichnet? Um welche Rohstoffe geht es dabei? **AG2** Welche Unternehmen sind am häufigsten an den Konflikten in Lateinamerika beteiligt? Aus welchen Ländern kommen sie jeweils, wo bauen sie Rohstoffe ab **AG 3** Welche Konflikttypen sind in Lateinamerika häufiger bzw. seltener als im Rest der Welt? Um welche Rohstoffe geht es dabei? **AG 4** In welchen lateinamerikanischen Ländern sind Konflikte um biologische Diversität verzeichnet? Seit wann gibt es diese Konflikte? Welche Gemeinsamkeiten sehen Sie bei den Konflikten in verschiedenen Ländern? Was fällt Ihnen dabei auf? **AG 5** In welchen lateinamerikanischen Ländern sind Konflikte um Gold verzeichnet? Seit wann gibt es diese Konflikte? Welche Gemeinsamkeiten sehen Sie bei den Konflikten in verschiedenen Ländern? Was fällt Ihnen dabei auf? **AG 6** In welchen lateinamerikanischen Ländern sind Konflikte um Palmöl verzeichnet? Seit wann gibt es diese Konflikte? Welche Gemeinsamkeiten sehen Sie bei den Konflikten in verschiedenen Ländern? Was fällt Ihnen dabei auf?	Selbstständige Online- Recherche in Kleingruppen	Pro AG ein Computer *Variante: Wenn keine Computer zur Verfügung stehen, kann die Recherche auch als individuelle Hausaufgabe gegeben werden. In der darauffolgenden Stunde sollten die SuS mindestens 20 Min. Zeit als AG haben, um ihre Ergebnisse zu vergleichen.*	Durch die eigenständige Recherche informieren sich die SuS aktiv über Konflikte um Rohstoffe in Lateinamerika und lernen die Reichweite des Themas kennen. Der Atlas stellt Umweltkonflikte weltweit grafisch dar und gibt zu jedem einzelnen Konflikt kurze Informationen
Sicherung 3 Präsentation der Ergebnisse (25 Min.)	**Rechercheergebnisse werden zusammengetragen:** Jede AG präsentiert ihre Rechercheergebnisse. Diese werden stichwortartig an der Tafel festgehalten.	Unterrichtsgespräch		SuS informieren sich gegenseitig über ihre Rechercheergebnisse.

Zum Weiterlesen

Im Zusatzmaterial befindet sich die Publikation Factsheet und Info-Grafiken zu Rohstoffausbeutung in Lateinamerika der Heinrich Böll Stiftung.

2.1.

Überblick: Rohstoffe aus Lateinamerika

- **Was gilt als ›Rohstoff‹?**
- **Welche Länder in Lateinamerika kennen Sie?**
- **Welche Produkte exportieren diese Länder?**
- **Welchen Anteil macht der Rohstoffexport jeweils aus und was denken Sie, welchen Einfluss dies auf die jeweiligen Wirtschaften und Gesellschaften hat?**

Quelle Heinrich Böll Stiftung 2014: Zahlen und Fakten. Rohstoffausbeutung in Lateinamerika; Grafik auf Grundlage von FAO, CEPAL, Observatory of Economic Complexity.

Wer exportiert wohin?

- Wohin, glauben Sie, gehen die Exporte?
- Welche weiteren Informationen lassen sich aus der Grafik erschließen?

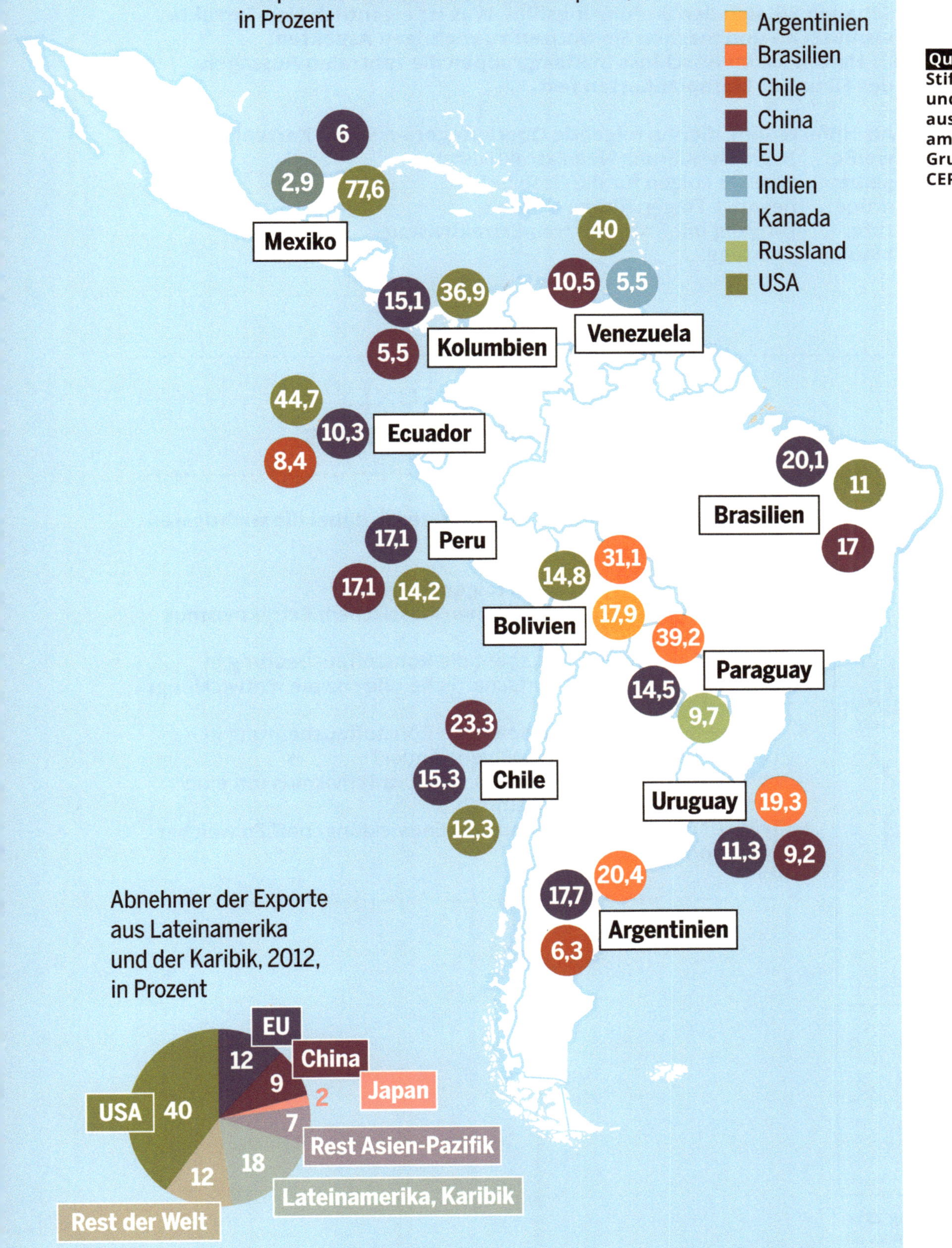

Quelle Heinrich Böll Stiftung 2014: Zahlen und Fakten. Rohstoffausbeutung in Lateinamerika; Grafik auf Grundlage von WTO, CEPAL.

Die benötigten Medien befinden sich im Zusatzmaterial.

Alternativ kann der Film auch auf Youtube unter folgenden Links betrachtet werden:

Deutsche Fassung:
www.youtube.com/watch?v=DQIlgAzXL7s&list=UUsUAhvKYTex6JuYYPJwBqpg

Spanische Fassung:
www.youtube.com/watch?v=1BSuI44RCds

2.2.

Einführungsfilm:
Was ist eigentlich Neo-Extraktivismus?

**Schauen Sie sich den Einführungsfilm ›Was ist eigentlich Neo-Extraktivismus?‹ an und machen Sie Notizen zu wichtigen Aspekten.
Halten Sie im Anschluss in Kleingruppen die zentralen Aussagen des Films auf Metaplankarten fest.**

Als Hilfestellung dienen folgende Oberkategorien sowie Kartenfarben:

weiße:	Begriffserklärung Neo-Extraktivismus
gelbe:	positive Folgen für die Gesellschaft
grüne:	negative Folgen für die Umwelt
rote:	Umgang mit Kritik am Neo-Extraktivismus
blaue:	Auswege

2.3.

Einführungstext:
Neo-Extraktivismus

Lesen Sie den Text gründlich durch und markieren dabei die wichtigsten Aussagen und zentralen Begriffe.

Diskutieren Sie im Anschluss folgende Fragen:
1. Was ist der Unterschied zwischen klassischem Extraktivismus und Neo-Extraktivismus?
2. Welche Rolle spielte und spielt die Rohstoffausbeutung in Lateinamerika für die wirtschaftliche und soziale ›Entwicklung‹ Europas?
3. Welche Rolle spielte und spielt die Rohstoffausbeutung in Lateinamerika für die jeweiligen Länder?
4. Inwiefern handelt es sich beim Neo-Extraktivismus um eine Fortführung des Kolonialismus?
5. Trägt der Neo-Extraktivismus zu ›Entwicklung‹ bei? Zu welcher Form von Entwicklung?

Quelle Heinrich Böll Stiftung 2014: Ausschnitte aus dem Film ›Was ist eigentlich Neo-Extraktivismus?‹

Widersprüche zwischen Rohstoffreichtum und Entwicklung in Lateinamerika

Die Geschichte Lateinamerikas ist seit der kolonialen Eroberung des Subkontinents Ende des 15. Jahrhunderts untrennbar mit der Ausbeutung von Rohstoffen verbunden. Im Mittelpunkt des Interesses der kolonialen Mächte, etwa Spanien und Portugal, standen Edelmetalle wie Gold und Silber sowie die Aneignung von Landflächen zum Anbau landwirtschaftlicher Exportprodukte wie Zuckerrohr. Mit dem Export dieser Güter wurde Lateinamerika zu einem der wichtigsten Rohstofflieferanten für die sich industrialisierenden europäischen Länder. Die koloniale Rohstoffausbeutung in Lateinamerika kann daher auch als die zweite Seite der europäischen Industrialisierung verstanden werden.

Bis heute exportieren lateinamerikanische Länder Rohstoffe zu ihrer Weiterverarbeitung in andere Weltregionen, etwa nach Europa, Asien (u.a. China und Japan) und in die USA. Dabei zeigt sich seit Ende der 1990er Jahre ein erneuter Bedeutungsgewinn des Rohstoffsektors sowie eine Verbreiterung der Exportprodukte (Diversifizierung) selbst. Neben (Edel-)Metallen sind heute eine Vielzahl von Erzen und Mineralien, fossile Energieträger wie Kohle, Gas und Erdöl sowie Agrargüter wie Soja, Bananen oder Zucker wichtige Exportprodukte. Erklären lässt sich dieser Trend mit rohstoffintensiven Produktions- und Konsummustern im Globalen Norden sowie deren Ausweitung nach Asien, Afrika und Lateinamerika selbst, einer wachsenden Integration der Region in den Weltmarkt (Globalisierung) und darüber hinaus einem Anstieg der Binnennachfrage. Hohe Rohstoffpreise, eine hohe Nachfrage und staatliche, politische und ökonomische Reformen haben seit dem Beginn des 21. Jahrhunderts staatliche Einnahmen aus dem Rohstoffsektor ansteigen lassen. Dies trifft insbesondere für jene Länder mit sogenannten (Mitte-)Links Regierungen zu, etwa Bolivien, Ecuador, Argentinien, Brasilien und Venezuela. Gleichzeitig sind auch die Produktions- und Fördervolumen der Rohstoffe und landwirtschaftlichen Güter selbst angestiegen: In Brasilien verdoppelte sich die Ausbeutung von Bauxit, ein Aluminiumerz, zwischen 2000 und 2010. Im gleichen Zeitraum verdreifachte Bolivien die Gasförderung. In Kolumbien und Mexiko explodieren seit einigen Jahren die Bergbauinvestitionen und Argentinien erlebt einen beispiellosen Boom in der Sojaproduktion. Die Liste ließe sich fortsetzen.

Der gegenwärtige Bedeutungsanstieg des Rohstoffsektors in einer Vielzahl lateinamerikanischer Länder wird oft mit Begriffen wie ›Rohstoffbonanza‹ oder – nüchterner – Neo-Extraktivismus beschrieben. Der Begriff des Extraktivismus leitet sich aus dem Lateinischen extractum ›das Herausgezogene‹ ab. Bislang wurde er vor allem für die Beschreibung von Wirtschaftssektoren und -praktiken (etwa Bergbau oder Sammelwirtschaft) verwendet. Der Begriff ›Neo-‹ bzw. ›neuer Extraktivismus‹ bezieht sich im Gegensatz dazu kritisch auf einen Entwicklungsweg, der wesentlich auf der Förderung und dem Export von mineralischen, energetischen, forstlichen und landwirtschaftlichen Rohstoffen und Naturelementen basiert und das Ziel verfolgt, über Exporteinnahmen die Lebensbedingungen der breiten Bevölkerung zu verbessern. Exemplarisch für diesen neuen Extraktivismus stehen jene Länder der Andenregion, (Bolivien, Ecuador, Venezuela) in denen über Maßnahmen wie die Verstaatlichung von Unternehmen und die Neuaushandlung von Verträgen, über Schürf- und Förderrechte internationaler Unternehmen die Staatseinnahmen steigen. Diese Länder haben außerdem die Ausfuhrzölle und Steuerabgaben auf Ressourcenaneignung und deren Export erhöht und mit den gewonnenen Mehreinnahmen entwicklungs- und sozialpolitische Programme finanziert.

Ein Anstieg der Rohstoffförderung für den Export zeigt sich aber auch in anderen Ländern der Region. In Kolumbien, einem Land, das kein traditionelles Bergbauland ist, stammten 2012 mehr als die Hälfte der Gesamtexporteinnahmen aus dem Export von bergbaulichen Produkten wie Gold oder Kohle. Lagen die Einnahmen aus Rohstoff- und Agrargüterexporten im Jahr 2010 in Lateinamerika insgesamt bei 54 %, machten sie in der Andenregion zwischen 80 und 90 % der Gesamtexporte aus. Neben steigenden Deviseneinnahmen ist ein weiteres Ergebnis der für rohstoffproduzierende Länder günstigen globalen Entwicklungen eine wachsende Bedeutung der Rohstoffsektoren (Bergbau, Land- und Forstwirtschaft, Öl- und Gas) an der Gesamtwirtschaftsleistung. Am deutlichsten hängt Venezuelas Wirtschaft am Öltropf: Nahezu alle Deviseneinnahmen stammen aus dem Ölexport und mit über 32 % haben Rohstoffe hier – im regionalen Vergleich – den höchsten Anteil am Bruttoinlandsprodukt (Chile 19,2 %; Peru 16,8 %; Ecuador 15 %).

Doch die Verbindung von Wirtschaftswachstum und Rohstoffausbeutung erzeugt widersprüchliche Effekte und Konflikte: Geopolitisch verfestigen die Länder Lateinamerikas bereits in der Kolonialzeit ihre zugewiesene Stellung als Rohstofflieferanten. Die Arbeiter und Arbeiterinnen in den Bergwerken, auf den Plantagen und den Ölfeldern geraten dabei mehr und mehr in die Abhängigkeit vom Weltmarkt. Ökologisch wertvolle Naturräume werden irreversibel zerstört, Trinkwasservorkommen verschmutzt und die biologische Vielfalt reduziert. Hieraus eine alternative, nachhaltige Strategie zu entwickeln, die gesellschaftlichen Wohlstand von Rohstoffausbeutung trennt, würde das aktuelle Modell als Ganzes in Frage stellen; mit Blick auf die breitenwirksamen Erfolge des Neo-Extraktivismus eine schwierige Aufgabe. Denn vor allem sozialpolitisch ermöglichen die rohstoffbasierten Mehreinnahmen Handlungsspielräume. So sanken die Armutszahlen bis 2010 auf den niedrigsten Stand seit 20 Jahren. Gleichzeitig ist die soziale Ungleichheit gemessen an der Einkommensverteilung leicht gesunken.

Die Widersprüchlichkeit des ›neuen Extraktivismus‹ besteht darin, dass mit der Intensivierung der Rohstoffausbeutung und trotz Erfolge in der Armutsbekämpfung mehr und mehr gegen die Interessen und Rechte sozialer Gruppen in den jeweiligen Ländern verstoßen wird. Nicht ohne Grund wächst der Widerstand und so kommt es etwa in Bolivien oder Ecuador zunehmend zu Protesten indigener, kleinbäuerlicher Bewegungen gegen die Ausbeutung von Öl und Gas oder den Bau von Straßen durch geschützte Gebiete. In ihren Protesten warnen sie vor der wachsenden Zerstörung ihrer ökologischen Lebensgrundlagen, einer wachsenden Ignoranz der Regierungen gegenüber den in der Verfassung festgeschriebenen politischen und sozialen (Minderheiten) Rechten sowie vor einer Aushöhlung demokratischer Grundprinzipien. Denn nicht immer werden alle betroffenen Gruppen hinreichend an den Entscheidungen für eine Ausweitung der Rohstoffausbeutung beteiligt.

Text: Kristina Dietz (FU Berlin), Anne Tittor (Uni Bielefeld)

Literatur

CEPAL. Anuario estadístico de América Latina y el Caribe. Santiago de Chile: Naciones Unidas 2012.

CEPAL. Balance Económico Actualizado de América Latina y el Caribe 2012. Santiago de Chile: Comisión económica para América Latina y el Caribe, Naciones Unidas 2013.

FDCL; RSL (Hrsg.). Der Neue Extraktivismus: Eine Debatte über die Grenzen des Rohstoffmodells in Lateinamerika. Berlin: Forschungs- und Dokumentationszentrum Chile-Lateinamerika & Rosa Luxemburg Stiftung 2012.

BURCHARDT, Hans-Jürgen; DIETZ, Kristina; ÖHLSCHLÄGER, Rainer (Hrsg.). Umwelt und Entwicklung im 21. Jahrhundert: Impulse und Analysen aus Lateinamerika. Baden Baden: Nomos 2013.

DIETZ, Kristina. ›(Neo-)Extraktivismus: Peripherie-Stichwort.‹ Peripherie, 33/132 (2013): 511–513.

MATTHES, Sebastian; CRNCIC, Zeljko. 2012. ›Extractivism.‹ Online Dictionary Social and Political Key Terms of the Americas. Politics, Inequalities, and North-South Relations, Version 1.0 (2012). URL: http://elearning.uni-bielefeld.de/wikifarm/fields/ges_cias/field.php/Main/Unterkapitel53.

MATTHES, Sebastian. Eine quantitative Analyse des Extraktivismus in Lateinamerika: OneWorld Perspectives. Working Paper 02/2012. Kassel: Universität Kassel 2012.

2.4.

Konflikte um Ressourcen in Lateinamerika

Bilden Sie sechs Arbeitsgruppen. Jede AG erhält einen anderen Recherche-auftrag zum Environmental Justice Atlas auf www.ejatlas.org. Der Atlas stellt Umweltkonflikte weltweit grafisch dar und gibt zu jedem Konflikt kurze Informationen.

AG 1: Häufigkeit von Konflikten in Lateinamerika
In welchem Land sind die meisten, die zweitmeisten und die drittmeisten Umweltkonflikte verzeichnet? Um welche Rohstoffe handel es sich dabei? Was fällt Ihnen dabei auf?

AG 2: Beteiligte Unternehmen in Lateinamerika
Welche Unternehmen sind am häufigsten an den Konflikten in Latein-amerika beteiligt? Aus welchen Ländern kommen sie jeweils, wo bauen sie Rohstoffe ab? Was fällt Ihnen dabei auf?

AG 3: Vergleich mit dem Rest der Welt
Welche Konflikttypen sind in Lateinamerika häufiger bzw. seltener als im Rest der Welt ausgeprägt? Um welche Rohstoffe geht es dabei? Was fällt Ihnen dabei auf?

www.ejatlas.org

AG 4: In welchen lateinamerikanischen Ländern sind Konflikte um biologi-sche Diversität verzeichnet? Seit wann gibt es diese Konflikte? Welche Gemeinsamkeiten sehen Sie bei den Konflikten in verschiedenen Län-dern? Was fällt Ihnen dabei auf?

AG 5: In welchen lateinamerikanischen Ländern sind Konflikte um Gold ver-zeichnet? Seit wann gibt es diese Konflikte? Welche Gemeinsamkeiten sehen Sie bei den Konflikten in verschiedenen Ländern? Was fällt Ihnen dabei auf?

AG 6: In welchen lateinamerikanischen Ländern sind Konflikte um Palmöl verzeichnet? Seit wann gibt es diese Konflikte? Welche Gemeinsamkeiten sehen Sie bei den Konflikten in verschiedenen Ländern? Was fällt Ihnen dabei auf?

Hinweis

Auf der Webseite fin-det sich in der rechten Spalte oder im unte-ren Teil der Seite ein Menü um nach Ländern, Unternehmen und Roh-stoffen spezifischer zu suchen (›browse maps‹). Über die Option ›filter‹ können zudem verschie-dene Elemente mitei-nander in Beziehung gesetzt werden.

VON ANNE TITTOR

500 JAHRE EXTRAKTIVISMUS?
DAS BEISPIEL BERGBAU IN POTOSÍ BOLIVIEN

Das Kapitel thematisiert am Beispiel Bergbau in Potosí (Bolivien) soziale und ökologische Folgen einer jahrhundertelangen Rohstoffausbeutung. Das Thema Extraktivismus wird dabei in einer historischen Perspektive beleuchtet und die Frage nach kolonialen Kontinuitäten aufgeworfen. Am Beispiel Potosí werden die Langzeitauswirkungen von Rohstoffförderung in Lateinamerika aufgezeigt und dazu anregt zu diskutieren, warum diese nicht zu einer Verbesserung der Lebensbedingungen in der Bergbauregion geführt haben.

Unterrichtsphase	Wesentliche Aspekte des Interaktionsgeschehens	Sozialform	Medien	Didaktische Begründung
Erarbeitungsphase 1 (30 Min.)	**Einstiegstext: Bolivien & die Minen von Potosí** Die SuS lesen den Text gründlich durch und markieren dabei die wichtigsten Aussagen und zentrale Begriffe. Anschließend werden die Hauptaussagen des Textes kurz in eigenen Worten zusammengefasst.	Einzelarbeit + Unterrichtsgespräch	Text	Der Text soll ein Basiswissen zum Thema Bergbau in Potosí vermitteln, das eine Grundlage für die weiteren Aufgaben des Kapitels bilden soll.
Erarbeitungsphase 2 (20 Min.)	**Bilder zur Geschichte von Potosí:** Die SuS betrachten die einzelnen Fotos und überlegen in welchem Zusammenhang diese mit dem Text stehen	Partnerarbeit	Fotos + Bildunterschriften	Die SuS verarbeiten die Informationen aus dem Text, setzen sie zu den Bildern in Beziehung und wenden ihre Kenntnisse zum Thema Bergbau in Potosí an dieser Stelle direkt an.
Reflexion und Diskussion (20 Min.)	Im Unterrichtsgespräch können zur Reflexion und Diskussion folgenden Fragen diskutiert werden: • Welches der Bilder fasst die Geschichte von Potosí am besten zusammen? Warum? • Welche Information über Potosí fanden Sie am interessantesten? Warum? • Wem kam der Rohstoffreichtum in Potosí bisher zu Gute? Transfer & Handlungsoptionen: • Wieso kam der Rohstoffreichtum bisher der Bevölkerung von Potosí kaum zu Gute? Wer könnte die Situation ändern? • Wie könnten Lebens- und Arbeitsbedingungen der Menschen in Potosí verbessert werden? • Viele Tourist_innen lassen sich durch die Minen von Potosí führen. Was halten Sie von dieser Art des Tourismus und würden sie selbst an einer teilnehmen? Warum bzw. warum nicht?	Unterrichtsgespräch		Die SuS bilden sich ein eigenständiges Urteil zum Thema Bergbau in Potosí und diskutieren über die Ursachen der sozialen und ökonomischen Probleme. Dabei sollen Sie dazu angeregt werden, ihre eigene Rolle und ihre Handlungsoptionen zu reflektieren.

Einstiegstext:
Bolivien: Die Minen von Potosí.

Lesen Sie den Text aufmerksam durch und markieren dabei wichtige Aussagen und zentrale Begriffe. Versuchen Sie danach, den Text in eigenen Worten zusammenzufassen.

Bolivien: Die Minen von Potosí

Potosí ist eine Stadt in Bolivien, in der heute (2015) etwa 175.000 Einwohner_innen leben. Sie liegt auf knapp 4.000 Meter Höhe, am Fuße des Berges namens Cerro Rico, was auf Deutsch >reicher Gipfel< heißt. Der Berg prägt die Geschichte der Region seit über 500 Jahren, denn hier werden seither Silber und Zinn abgebaut. Doch ob dieser Reichtum Segen oder Fluch ist, ist umstritten und lässt sich diskutieren.

Silberabbau in Potosí

Foto: Ertraud Raduber und Isabella Radhuber

Verschiedenen Berichten zufolge haben bereits die Inka, eine Hochkultur aus der Andenregion, die ihre Blütezeit im 15. und frühen 16. Jahrhundert erlebte, Silber aus dem Berg verwendet. In großem Stil kam es jedoch erst nach der Kolonialisierung Südamerikas durch die spanischen Eroberer zum Silberabbau. Ein Großteil der arbeitsfähigen Bevölkerung aus dem Umland, d.h. mehrere Millionen Menschen wurden während der Kolonialzeit zur Arbeit in den Minen gezwungen. Unter Lebensgefahr musste die einheimische Bevölkerung Silber abbauen und die spanischen Kolonialherren bereicherten sich daran. Die Stadt sah immer prunkvoller aus: vergoldete Kirchen und edle Bauten zeugten von ihrem Reichtum. Bereits 1573 hatte Potosí 120.000 Einwohner_innen, im Jahr 1650 nahezu 160.000 – und damit eine größere Stadtbevölkerung als Paris, Madrid oder Rom zur gleichen Zeit. Potosí war zu dieser Zeit eine der wichtigsten Städte in den Amerikas und eine der größten Städte der Welt. Bis 1660 wurden aus dem Berg etwa 16.000 Tonnen Silber gefördert. Doch der Reichtum der einen fußte auf der Ausbeutung der anderen.

Der Preis des Silbers

Foto: Alicia Allgäuer und Isabella Radhuber

Bei den Arbeiter_innen im 16. und 17. Jahrhundert galt Potosí als >Eingang zur Hölle<. Viele kamen bei Unfällen ums Leben, andere erkrankten bei der harten Arbeit auf über 4.000 Metern. Staub, Asbest, giftige Dämpfe und der Einsatz von Quecksilber führten zu vielen Erkrankungen und Todesfällen. Der geplante Einsatz von versklavten Menschen aus Afrika scheiterte aufgrund der dünnen Luft und des geringen Sauerstoffgehalts. Menschen, die derartige Höhen nicht gewohnt waren, starben bereits, bevor sie für die Arbeit unter Tage eingesetzt werden konnten.

Viele Gewinne aus dem Silberexport landeten bei der spanischen Krone, die diese zur Finanzierung von Kriegen sowie eines verschwenderischen Lebensstils verwendete. Die Silberströme aus Peru und Bolivien können als erste globale Warenströme betrachtet werden. Teilweise konnten Händler davon in Fernost, insbesondere China, Handelswaren einkaufen. Zugleich wurden jedoch viele Städte Europas mit Silber regelrecht überschwemmt. Es kam zur Inflation, das heißt der Wert des Geldes sank beachtlich und die Preise, z.B. für Weizen und Fleisch, stiegen deutlich. Doch aus den Gewinnen wurden während der Kolonialzeit keinerlei Investitionen in die Infrastruktur in Bolivien selbst getätigt, um beispielsweise eine eigene Industrie aufzubauen oder die Lebensbedingungen der Bevölkerung zu verbessern.

Zinnabbau damals und heute

Im 18. Jahrhundert versiegten viele Silberadern und Potosí verlor als Stadt an Bedeutung, Ruhm und Glanz. Die Einwohner_innenzahl sank auf unter 10.000 Personen. Erst Ende des 19. Jahrhunderts, als der Zinnabbau sich zu lohnen begann, erlebte die Stadt einen neuen Aufschwung. 1952 wurden die Zinnminen verstaatlicht, damit nach all den Jahren auch die Gesellschaft in Bolivien vom Rohstoffreichtum profitieren könne. Doch bereits 1986 brach der Zinnmarkt wieder zusammen und Stück für Stück wurden die Minen erneut privatisiert.

Noch heute lebt Potosí vom Bergbau. Zinn und Zink sind die Metalle, die die Bergleute weiterhin abbauen. Der Cerro Rico ist bereits viel niedriger als auf den Bildern der Kolonialzeit und sackt aufgrund der vielen Sprengungen und Durchhöhlungen immer weiter in sich zusammen. In fünf bis zehn Jahren könnten die letzten Reste abgebaut sein, schätzen Expert_innen. An den harten Arbeitsbedingungen hat sich jedoch wenig geändert. Durchschnittlich stirbt jeden Tag in Potosí ein Minenarbeiter, 70 % von ihnen an einer sogenannten >Staublunge<, etwa 30 % an Unfällen, v.a. durch Explosionen. Kaum jemand trägt Schutzkleidung oder Atemmasken, die meisten Minenarbeiter haben höchstens ein Tuch vor dem Mund. Im Schnitt dauert es etwa zehn Jahre bis die Minenarbeiter erkranken; ihre Lebenserwartung liegt im Durchschnitt bei 40–50 Jahren. Viele nehmen sich vor, nur wenige Jahre in den Minen zu arbeiten und dann mit dem Geld ein kleines Unternehmen aufzubauen. Doch in der Hoffnung, eines Tages großes Glück zu haben und Silber oder eine Mineralienader zu finden, graben sie immer weiter. Einige wenige haben es geschafft und sind durch Glück reich geworden – die meisten jedoch nicht.

Tourismus als neue Einkommensquelle?

Eine der wenigen alternativen Einkommensquellen bietet der Tourismus. Immer mehr Tourist_innen kommen nach Potosí und betrachten die alten Prunkbauten und den kolonialen Stadtkern, den die UNESCO zum Weltkulturerbe erklärt hat. Der Markt im Stadtkern von Potosí ist wohl der einzige Markt der Welt, wo sich legal der Sprengstoff Dynamit sowie 96 %iger Alkohol kaufen lässt. Abenteuerlustige Tourist_innen kaufen beides dort ein und bringen dies als Geschenke zu den gerade im Stollen tätigen Minenarbeitern. In den Stollen gelangen die Tourist_innen nur in geführten Gruppen von ehemaligen Minenarbeitern. Mit Helmen, Handschuhen und einer Stirnlampe wagen sie den Abstieg auf einer wackeligen Holzleiter in den Berg auf den Spuren der Geschichte und auf der Suche nach Silber, das die Stadt und ihre Bewohner_innen hätte reich machen können ...

Text: Anne Tittor

Zum Weiterlesen

LIVINGSTON, Helen: Bergbau-Tour in Bolivien, 13.10.2012, Spiegel-Online, http://www.spiegel.de/reise/aktuell/cerro-rico-in-bolivien-ausflug-in-die-silbermine-a-860013.html, (Zugriff: 3.5.2015)

WUNDERER, Hartmann: Das Silber von Potosí. Globale Vernetzung im Zeichen des beginnenden Kapitalismus, in: Geschichte Lernen. Erste Kontakte 1492–1800., (2014) S. 40–45

Ohne Autor_in: Bolivien. In den Silberminen von Potosí., Okt 10, 2013, http://www.abseitsreisen.de/blog/blog/2013/10/10/bolivien-in-den-silberminen-von-potosi/, (Zugriff: 3.5.2015)

GOEDE, Peggy: Silberminen in Potosí, in: Caminos – Eine Reise durch die Geschichte Lateinamerikas. Vom Kulturkontakt bis zum Ende der Kolonialzeit, http://www.lai.fu-berlin.de/e-learning/projekte/caminos/kulturkontakt_kolonialzeit/kolonialzeit/silberminen_in_potosi/index.html, (Zugriff: 4.5.2015)

CREISCHER, Alice Creischer; HINDERER Max-Jorge; SIEKMANN, Andreas (Hrsg.): The Potosí Principle. Colonial Image Production in the Global Economy, Berlin/Köln/Madrid. 2010.

Foto: Alicia Allgäuer und Isabella Radhuber

3.2.

Bilder zum Umgang mit Rohstoffreichtum in Potosí

Betrachten Sie die einzelnen Fotos und überlegen Sie, wie diese mit den Informationen aus dem Text zusammenpassen.
   Versuchen Sie danach, die Bildunterschriften den jeweiligen Bildern zuzuordnen.

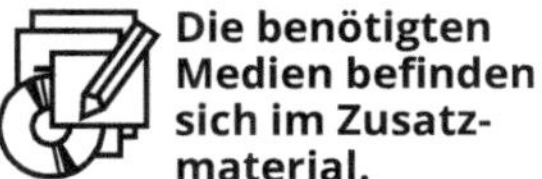

Die benötigten Medien befinden sich im Zusatzmaterial.

3.3.

Diskussion zur Geschichte des Bergbaus in Potosí

Diskutieren Sie in der Klasse über folgende Fragen:

Zu Bildern und Text
- Welche drei Bilder fassen die Geschichte von Potosí am besten zusammen? Warum?
- Welche Information über Potosí fanden Sie am interessantesten? Warum?
- Wem kam der Rohstoffreichtum in Potosí bisher zu Gute?

Transferfragen
- Wieso wurde daran bisher nichts geändert? Wer könnte die Situation ändern?
- Wie könnten Lebens- und Arbeitsbedingungen der Menschen in Potosí verbessert werden?
- Viele Tourist_innen lassen sich durch die Minen von Potosí führen. Was halten Sie von solchen Touren und würden sie selbst an einer teilnehmen? Warum bzw. warum nicht?

Quelle Herman Moll: Map of South America, London c.1715, https://upload.wikimedia.org/wikipedia/commons/6/69/Moll_-_Map_of_South_America_-_Detail_Potosi.png (Zugriff: 4.11.15)

VON YVONNE RÖSSLER

UMWELTGERECHTIGKEIT BEI DER ÖLFÖRDERUNG IM ECUADORIANISCHEN AMAZONASGEBIET?

Im Kapitel zu ›Ölförderung im ecuadorianischen Amazonasgebiet‹ wird der Schwerpunkt auf die negativen Folgen des Extraktivismus für Mensch und Umwelt gelegt. Der wirtschaftlichen Bedeutung der Erdölförderung stehen ökologische und gesundheitliche Schäden gegenüber, die in diesem Falle in einer juristischen Auseinandersetzung mündeten.

Der Ölkonzern Chevron/Texaco wurde nach fast 30-jähriger Fördertätigkeit im Jahre 1993 von indigenen Gemeinden auf Entschädigung des Umweltschadens verklagt. Durch die Simulation dieses realen Gerichtsverfahrens mittels eines Tribunalspiels (zur Methode siehe folgende Seiten) sollen die Handlungen, Auswirkungen und Urteile erkannt und beurteilt werden. Die Schüler_innen sollen dabei die Möglichkeit bekommen, verschiedene Perspektiven kennenzulernen und es soll der Frage nachgegangen werden, was der dargestellte Fall mit uns in Deutschland zu tun hat.

Unterrichtsphase	Wesentliche Aspekte des Interaktionsgeschehens	Sozialform	Medien	Didaktische Begründung
Einführung (10 Min.)	**Einführung durch simulierte Fernsehsendung ›Global News aus Ecuador‹** Alle SuS erhalten die Schlagzeilen. Sie sollen sie durchlesen und in eine sinnvolle Reihenfolge bringen. Danach werden sie der Reihe nach einmal laut vorgelesen.	Simulation einer Nachrichtensendung	Text	Faktenreicher Kurzeinstieg in das Thema. Um die richtige Reihenfolge zu erkennen, müssen die SuS die einzelnen Fakten durchdenken und lernen nebenbei schon Facetten des Themas kennen.
Hintergrundinformation und Sicherung (30 Min.) **Besprechung** (15 Min.)	Der Text mit Hintergrundinformationen zur Erdölförderung in Ecuador und dem Fall Chevron/Texaco soll durchgelesen und in 3 Farben nach folgenden Merkmalen unterstrichen werden: • Handlungen und Aktionen von Chevron/Texaco • Reaktionen der Bevölkerung auf die Handlungen des Unternehmens • Verhalten von Staat und Gerichten Im Anschluss werden folgende Fragen im Plenum besprochen: • Welche Bedeutung hat das Erdöl in Ecuador? • Welche Rolle spielte Chevron/Texaco in Ecuadors Erdölgeschichte? • Warum wurde Chevron/ Texaco verklagt? • Die Antworten auf die Fragestellung sowie Unklarheiten und Kommentare werden im Plenum besprochen.	Textarbeit und Diskussion in der Klasse	Video- und Textmaterial Kärtchen/ Pinnwand oder Tafel	Vermittlung wichtiger Hintergrundinformationen zur Vorbereitung auf das Tribunalspiel. Die Problematik soll eingeordnet werden. SuS suchen nach Antworten und sammeln diese im Plenum.
Rückbezug zum eigenen Lebensstil (30 Min.)	**Eine kleine Alltagsgeschichte zu unserem Erdölkonsum von fairbindung e.V.** • Die Geschichte wird vorgelesen. • Danach werden Rollenkarten an die SuS verteilt, eventuelle Fragen zu Begrifflichkeiten geklärt und das Vorgehen erläutert: Die SuS sollen die Geschichte immer dann unterbrechen, wenn ihr Wort der Rollenkarte im Text auftaucht. Sie rufen ›Peak Oil‹.		Text/Kärtchen	Durch die Einheit ›Was geht uns das an? Peak Oil-Alarm‹ sollen die SuS verstehen, wo überall Erdöl in ihrem Alltag vorkommt. Damit soll ein persönlicher Bezug zum Thema hergestellt werden. Die Methode zeigt die alltägliche Präsenz von Erdöl.

- Bei jeder Unterbrechung wird der Text der Rollenkarte von der Kartenbesitzer_in vorgelesen.
- Kurze Reflexion: Was sind die ersten Eindrücke? Finden Sie es wichtig zu wissen, dass so viele Dinge in unserem Leben aus Erdöl bestehen? Warum/Warum nicht?
- Inwiefern beeinflusst diese Geschichte Ihren eigenen Konsum? Was könnten Sie (einfach) ändern?

Möglichkeit zur Weiterarbeit Tribunalspiel (120 Min.)	Im Tribunalspiel (zur Methode siehe nachfolgende Seiten) geht es um die Beurteilung von abgeschlossenen Handlungen und Ereignissen, die nicht fingiert, sondern real sind (in diesem Fall ein Gerichtsprozess). • Vorbereitung: Zunächst stellen Sie kurz das Szenario, die beteiligten Akteur_innen und den Ablauf sowie die Regeln des Spiels vor (10 Min). • Dann erfolgt die Verteilung der Rollen. Für die anspruchsvolle moderierende Rolle der Richter_in werden zwei Freiwillige gesucht. Die SuS bekommen per Los die (übrigen) Gruppenzugehörigkeiten zugeteilt und setzen sich an ihren Gruppentisch. (5 Min.) • Nachdem die SuS ihre Rollenbeschreibungen erhalten haben, lesen sie diese und das Informationsmaterial durch und tauschen sich in der Gruppe dazu aus. Danach gibt die Spielleitung den Gruppen den Auftrag, ihre Strategie zu bestimmen und zwei Anwält_innen für die erste Runde zu wählen. (15 Min.) **Vorbereitung:** Die Sitzordnung wird der Sitzverteilung eines Gerichtssaals nachempfunden und gestaltet. (5 Min.) **Dann beginnt die Gerichtsverhandlung nach dem auf S. 26 abgedruckten Schema. (80 Min.)**	Rollenspiel	Text- und Bildmaterial	Ziel ist es, die bisherigen Folgen des Erdölabbaus sowohl aus verschiedenen Perspektiven kennenzulernen und die jeweiligen Argumente anzuhören. Dabei sollen auch die dahinterstehenden Entscheidungen und Handlungen sowie die sie auslösenden Vorstellungen und Ideen erkannt und beurteilt werden.
Reflexion und Handlungsoption (15 Min.)	• War es für Sie schwierig, die Ihnen zugeteilten Rollen zu spielen? Warum? Warum nicht? • Konnte Ihre Gruppe ihre Position ausreichend vertreten? Warum? • Wie zufrieden sind Sie mit dem Urteil? Was bedeutet das Urteil für die einzelnen Akteur_innen? • Was wäre für Sie eine ›gerechte‹ Lösung? • Was meinen Sie? War der Verlauf/die Lösung des Spiels realistisch? Wo sehen Sie Parallelen, wo Unterschiede zur Wirklichkeit? • Was können wir tun, um die Nutzung von Ressourcen gerechter und umweltverträglicher zu gestalten? • Was muss getan werden, um Ressourcen nachhaltig zu sichern oder zu nutzen? • Was wären Alternativen zum Erdölverbrauch?		Pinnwand	Die Reflexion wird in einem Stuhlkreis als Diskussionsrunde moderiert. Reflektierte Beurteilung des Falls und des Erdölkonsums im Allgemeinen werden angestrebt. Je nach Verlauf kann die Schwerpunktsetzung durch die Lehrkraft verändert werden.

4.1.

Einführung:
Fernsehsendung ›Global News‹ aus Ecuador

Lesen Sie die einzelnen Nachrichten durch und bringen Sie diese in eine sinnvolle Reihenfolge.

1. Daher haben sie den Großkonzern Chevron verklagt und fordern Entschädigung.

2. Bis heute warten die Menschen vor Ort auf Entschädigung und eine Entschuldigung.

3. Durch diese Form der Nutzung von Natur wurden Wasser, Böden und Menschen vergiftet.

4. Ecuador ist Schauplatz für einen der bislang größten Umweltprozesse. In dem Prozess geht es um die Förderung von Erdöl im ecuadorianischen Amazonasgebiet.

5. Chevron, vormals Texaco, hat fast 30 Jahre die Konzessionsrechte für die Ölförderung in der Region besessen. Doch nun will das Unternehmen nicht die Verantwortung für die Umweltschäden übernehmen, Chevron belastet stattdessen die nationale Ölfirma Petroecuador.

6. Es geht in dem Prozess um die Übernahme von Verantwortung und um viel Geld. Denn von der Ölförderung haben viele profitiert, nur nicht die lokale Bevölkerung aus dem Regenwald im Nordosten des Landes, die den Folgeschäden ausgesetzt ist.

4.2.

Hintergrundinformationen zur Ölförderung in Ecuador

Lesen Sie den unten stehenden Text gründlich durch. Notieren Sie sich Fragen und Unklarheiten und unterstreichen Sie mit drei unterschiedlichen Farben die Informationen zu:
1. Handlungen und Aktionen von Chevron/Texaco
2. Reaktionen der Bevölkerung auf die Handlungen des Unternehmens
3. Verhalten von Staat und Gerichten

Folgende Fragen sollen im Anschluss besprochen werden:
- Welche Bedeutung hat Erdöl in Ecuador?
- Welche Rolle spielte Chevron/Texaco in Ecuadors Erdölgeschichte? Warum wurde Chevron/Texaco verklagt?

Erdöl in Ecuador:
Das Beispiel Chevron/Texaco

Die Wirtschaftsstruktur vieler lateinamerikanischer Länder ist durch die Abhängigkeit von Rohstoffen geprägt. Im Falle Ecuadors verstärkte sich die Abhängigkeit 1964 mit der Entdeckung riesiger Erdölvorkommen im ecuadorianischen Amazonastiefland. So ist die wirtschaftliche Entwicklung Ecuadors seit den 70er Jahren eng verknüpft mit der Entwicklung der Erdölindustrie.

Die Einnahmen aus der Erdölproduktion machen seither einen großen Teil der Exporterlöse des Landes aus. Schwankende Weltmarktpreise sind immer wieder Ursache für Wirtschaftskrisen gewesen und enorme Auslandsschulden verhinderten jahrzehntelang Investitionen in Infrastruktur, Gesundheit und Bildung. So kommt es, dass Ecuador trotz seines immensen Rohstoffreichtums zu den wirtschaftlich ärmsten Ländern des südamerikanischen Subkontinents zählt.

Erdöl als Exportprodukt

Ecuador ist ein wichtiger Erdölproduzent und seit 2007 wieder Mitglied der OPEC[1]. Das Land produzierte im Jahr 2012 505.000 Barrel[2] Erdöl am Tag (25 Millionen Tonnen pro Jahr).

Wie die Grafik 1 zeigt, werden davon fast 2/3 seiner Produktion exportiert. Aus Mangel an ausreichenden Raffineriekapazitäten[3], um die lokale Nachfrage zu erfüllen, ist Ecuador gezwungen, raffinierte Produkte zu importieren.

Ecuador hat nach Venezuela und Brasilien die drittgrößten Ölreserven in Südamerika. Die meisten von Ecuadors Ölreserven sind im Oriente-Becken, das sich im Amazonastiefland befindet.

Mehr als 99 % der Produktion wird im Amazonastiefland, dem sogenannten Oriente gefördert, fast alles in der Provinz Sucumbíos. 73 % davon fördern heute die nationalen Firmen Petroecuador, Petroamazonas und Operaciones Rio Napo. Der Rest wird durch eine Reihe ausländischer Firmen gefördert.

[1] **OPEC steht für Organization of the Petroleum Exporting Countries**, also die Organisation erdölexportierender Staaten.

[2] **Ein Barrel, auch als bbl abgekürzt, entspricht 158,98 Litern und ist eine bei Erdölprodukten gängige Raummaßeinheit.**

[3] **Raffeneriekapazität** bezeichnet die mögliche Menge *eines Produktes* die eine Raffinerie in einem bestimmten Zeitraum herstellen kann.

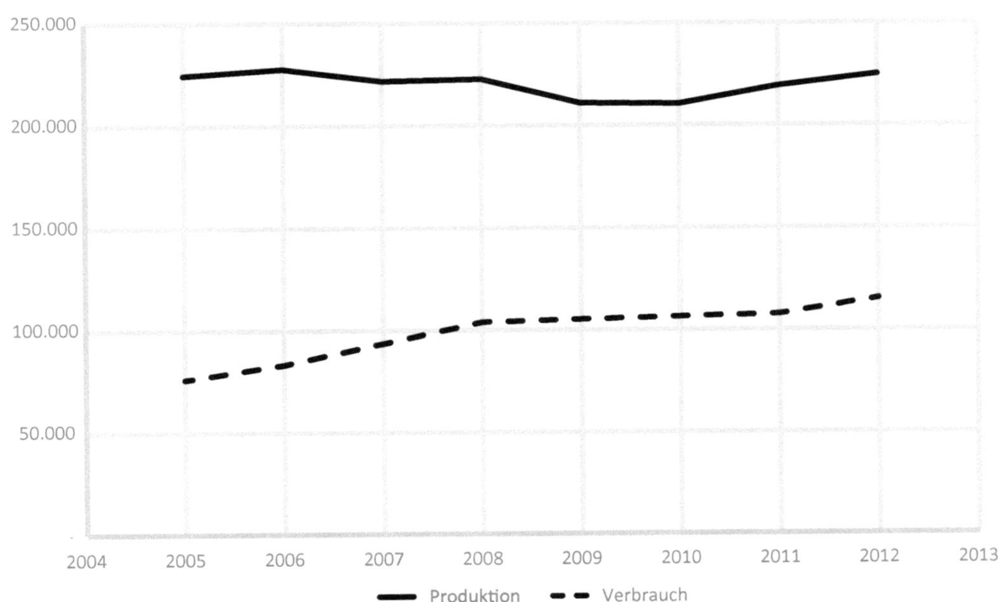

Grafik 1: Ecuadors Öl-Gesamtproduktion und –verbrauch (in Barrel/Tag)

Erdölkonzessionen in Ecuador

Der Staat, genauer gesagt die entsprechende staatliche Behörde, überträgt bestimmten Unternehmen das Recht, Erdöl abzubauen und zu exportieren. Das nennt man eine Erdölkonzession. Die erteilten Konzessionen sind gebührenpflichtig und heutzutage meistens für den ausländischen Partner mit Auflagen verbunden, wie zum Beispiel Mindestinvestitionen, Beschäftigung von Einheimischen, Maßnahmen für Umweltschutz usw. Grafik 2 zeigt, an welche Unternehmen für welches Gebiet eine solche Konzession vergeben wurde.

Die Erdölkonzession für Chevron/Texaco

Die Erdölvorkommen wurden vom Konsortium Texaco-Gulf (später Texaco Petroleum Company – TEXPET, heute Chevron – im Text verwenden wir Chevron/Texaco) in der Region um die heutige Stadt Lago Agrio entdeckt. Der Firma wurden Konzessionsrechte bis 1992 gegeben und seither veränderte sich das Gebiet deutlich. Vorher gehörte es zu einer der artenreichsten Regionen der Erde. Außerdem lebten dort indigene Gruppen wie die Cofán, Siona, Secoya, Kichwa und Huaorani, die weitgehend von Fischerei, Jagd und Landwirtschaft lebten.

Zwischen den neu zugezogenen Chevron/ Texacoarbeiter_innen und der indigenen Bevölkerung der Gegend kam es zu Konflikten. Für den Bau der transandinen, 500km langen Pipeline war der Bau

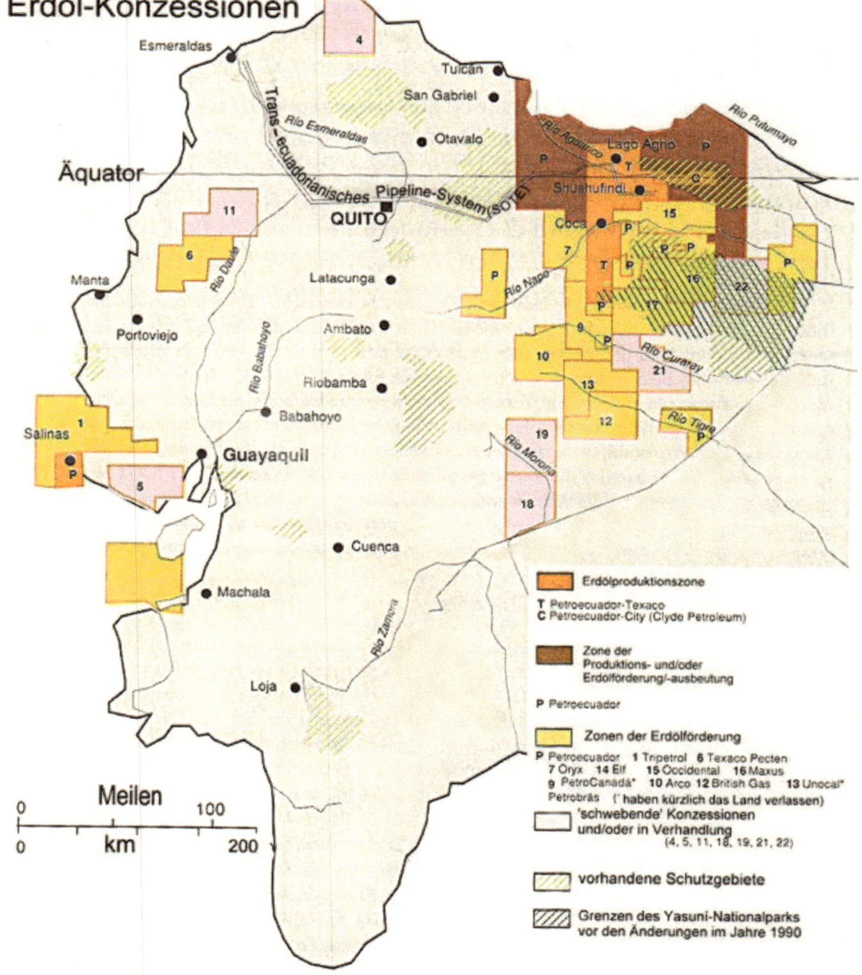

Grafik 2: Überblick über vergebene Erdölkonzessionen in Ecuador

von Straßen durch nahezu unberührten Regenwald notwendig und ermöglichte zudem die Besiedlung jener Zonen durch Migranten aus dem Hochland, sogenannte >Colonos<. Zur Erschließung der Ölvorkommen wurden Bohrlöcher gegraben und Auffangbecken angelegt. Bei den Verhandlungen zwischen Chevron/ Texaco und dem ecuadorianischen Staat Ende der 1960er Jahre verließ sich die ecuadorianische Regierung auf den Ölgiganten und legte vertraglich fest, dass diese Firma technische Verfahren anwenden darf, wie sie u.a. in den USA üblich sind.

Nach Fertigstellung von Pipeline und Erschließung der Erdölfelder konnte Anfang der 70er Jahre schließlich mit der Förderung des Rohstoffs begonnen werden. Ecuador entwickelte sich zum zweitwichtigsten Erdölexporteur Südamerikas. Dieser wirtschaftliche >Boom< ging jedoch auf Kosten der Verschmutzung der Förderregionen und der dort lebenden Bevölkerung.

Als 1992 die Konzessionsrechte der Firma nach 28 Jahren endeten, verließ Texaco das Land. Die Förderung wurde durch das staatliche Unternehmen Petroecuador weiter getätigt.

Bis dahin hatte Texaco 88 % der gesamten inländischen Ölproduktion in der Hand, förderte insgesamt 1,5 Milliarden Barrel Öl aus den 356 von ihnen gegrabenen Bohrlöchern. Texaco errichtete 22 Bohrstationen und war alleiniger Betreiber der Pipeline.

Umweltschäden und die Frage nach der Verantwortung

Am 3. November 1993 begann ein Prozess unter dem >Fall Aguinda<, in dem die ecuadorianische Staatsangehörige Maria Aguinda zusammen mit 14 anderen Mitmenschen, unter ihnen Siedler, Indigene der Cofanes, Secoyas und Kichwas vor dem Bundesgericht des südlichen Distrikts in New York die Wiedergutmachung des Umweltschadens einforderte, den Texaco in ihrer Heimat verursacht hatte. Bald wurde die Vereinigung der Opfer von Chevron Texaco (UPDAT) gegründet, die schnell 30.000 Mitglieder aus der Provinz Sucumbios umfasste. Unterstützt wurde sie von nationalen und internationalen Nicht-Regierungs-Organisationen (NGOs). Die Anklage fordert, »dass Texaco die verbliebenen 323 Auffangbecken säubern, die giftigen Inhalte mit Hilfe von umfunktionierten Bohrtürmen in den Untergrund pumpen, der Bevölkerung Schadensersatz zahlen und nachhaltige Sozialprojekte in der Region finanzieren soll.«

Das US-Unternehmen Chevron/Texaco bestreitet die Umweltverschmutzung durch das Ableiten der giftigen Stoffe nicht, beruft sich aber auf die damaligen ecuadorianischen Gesetze, nach denen die industriellen Standards eingehalten worden seien. Um ein Gerichtsurteil zu umgehen, vereinbarte Texaco mit der damaligen ecuadorianischen Regierung einen Aktions- und Sanierungsplan, laut dem das Unternehmen versprach, die ölkontaminierten Auffangbecken zu reinigen. 1998 regierte in Ecuador noch Jamil Mahuad, dessen Partei ein gutes Verhältnis mit Chevron/Texaco hatte: Sie schlossen einen sogenannten Ausgleichsvertrag, in dem die Regierung anerkannte, dass die US-Firma alles sauber zurückgelassen habe und sie von jeder Verantwortung im Hinblick auf Folgeschäden der Ölverschmutzung freisprach. Die 30.000 Opfer, die keine Entschädigung erhalten hatten, kamen in dieser Einigung nicht vor. 2001 wies das New Yorker Gericht die Klage mit der Begründung ab, sie habe »sehr viel mit Ecuador und sehr wenig mit den Vereinigten Staaten zu tun.« Um dieses Urteil zu erreichen, hatte Chevron/Texaco erklärt, dass die ecuadorianischen Gerichte für den Fall zuständig seien und dass Chevron/Texaco im Voraus die Entscheidung des Gerichts in Ecuador respektieren würde. Zehn Jahre nach Ende der Texaco-Ära existierten nach wie vor Auffangbecken, in denen die Ölreste inklusive krebserregender Stoffe wie Benzole und Tylene lagerten. Immer noch sind mehr als 30.000 Menschen sowohl gesundheitlich als auch wirtschaftlich betroffen, viele

Flüsse und Sumpfgebiete sind noch immer verseucht, die häufig die eine wichtige Trinkwasserquelle der Menschen darstellen. Nachgewiesen sind dramatisch gestiegene Krebsraten, ein beeinträchtigtes Pflanzenwachstum, schwindende Fischpopulationen, zugrunde gehende Zuchttiere und verseuchtes Trinkwasser. All diese Faktoren machen den Menschen das Überleben schwer. So erhoben die Betroffenen 2002 nun vor dem Gericht in Lago Agrio erneut Klage gegen Chevron/Texaco.

Text: Yvonne Rössler

Literatur

ALLEN, Douglas A. Environmental Damages Valuation-Texpet Ecuador Concession Area, 2010.

Amazon Defense Coalition. Remediation Agreement 1995 URL: http://chevrontoxico.com/assets/docs/1995-remediation-agreement.pdf

Amazon Defense Coalition. Fotos: URL: http://chevrontoxico.com/news-and-multimedia/2005/0424-crude-reflections

Amazon Defense Coalition. Summary of the Alegato – Pt. I of Final Argument in Lawsuit. 24 January 2011. URL: http://chevrontoxico.com/assets/docs/2011-01-17-Summary-Memo-and-Plaintiffs-Final-Argument-Part-1.pdf (Zugriff: 10.09.2014).

Amazon Defense Coalition, La contaminacón. URL: www.texacotoxico.org (Zugriff: 10.07.2014).

Chevron. ›Die Fakten über Chevron in Ecuador und die betrügerische Strategie der Kläger‹ 2014. URL: www.chevron.com/documents/pdf/ecuador/ecuador-lawsuit-fact-sheet-DE.pdf (Zugriff: 19.06.2014).

Chevron. Ecuador Lawsuit Background. URL: www.chevron.com/ecuador/background/#b1 (Zugriff: 19.06.2014).

Chevron Toxico. ›La verdad sobre Chevron en la Amazonía ecuatoriana‹ 06.09.2012 URL: www.youtube.com/watch?v=Z0eG5e4N9ko&feature=youtu.be (Zugriff: 10.07.2014).

Die Geschichte Texacos in Ecuador. URL: http://apoya-al-ecuador.com/de/geschichte-texacos-in-ecuador/ (Zugriff: 14.6.2014).

HAN SHAN, Amazon Watch: ChevRON In Ecuador, S.36-38. Chevron Alternative Report 2010. URL: http://truecostofchevron.com/2010-alternative-annual-report.pdf (Zugriff: 10.06.2014).

Instituto Geografico Militar ATLAS Kap.5: Geografia,Economica 2 Recursos,Sectores e Infraestructura.

Klima-Bündnis der europäischen Städte mit indigenen Völkern der Regenwälder. Erdöl und Umwelt URL: www.regenwaldmenschen.de/deutsch/umwelt/erdoel.htm (Zugriff: 27.08.2014).

MALDONADO, Adolfo Alberto und Narváez, Alberto. ›Ecuador ni es ni será ya país amazónico. Inventario de impactos petroleros‹. 2003.: URL: http://biblioteca2012.hegoa.efaber.net/system/ebooks/16955/original/Ecuador_ni_es__ni_ser__ya__pa_s_amaz__nico.pdf (Zugriff: 10.6.2014).

Ministerio De Relaciones Exteriores, Comercio e Integracion Del Ecuador: Chevron/Texacos Zeichen auf der Welt. 2013.

The Amazon Post. Facts Behind The Environmental Claims Against Chevron in Ecuador. URL: http://theamazonpost.com/fact-sheets/facts-behind-the-environmental-claims-against-chevron-in-ecuador/ (Zugriff:10.07.2014).

US.Energy Information Administration. URL: www.eia.gov/beta/international/analysis.cfm?iso=ECU (Zugriff: 01.09.2014).

Was geht uns das an?
Peak Oil-Alarm

**Eine kleine Alltagsgeschichte zu unserem Erdölkonsum von fairbindung e.V.
In dieser Übung soll es darum gehen, sich zu überlegen, an welchen
Stellen in unserem Alltag wir mit Erdöl in Verbindung kommen.**

- Sie erhalten die Rollenkarten, lesen diese kurz durch und sollen die
  Geschichte beim zweiten Vorlesen immer dann unterbrechen, wenn Ihr
  Wort der Rollenkarte im Text auftaucht. Sie rufen ›Peak Oil‹. Peak Oil ist
  der englische Begriff für das globale Ölfördermaximum, der den Zeit-
  punkt bestimmt, wann die maximale weltweite Förderrate von Rohöl
  abnimmt.
- Der Text wird also erneut vorgelesen. Bei jeder Unterbrechung wird der
  Text der Rollenkarte vom Kartenbesitzer vorgelesen.

Im Anschluss soll eine kurze Reflexion stattfinden:
- Welchen Eindruck haben Sie aus dem Spiel gewonnen? Finden Sie es
  wichtig zu wissen, dass so viele Dinge in unserem Leben aus Erdöl bestehen? Warum/ warum nicht?
- Inwiefern beeinflusst diese Geschichte Ihren eigenen Konsum? Was
  könnten Sie (einfach) ändern?

Die benötigten
Medien befinden
sich im Zusatz-
material.

4.3.

Tribunalspiel:
Der Ölkonzern Chevron/Texaco
vor Gericht

**Das Szenario und die Regeln des Tribunalspiels werden erläutert[1].
Danach werden die Rollen des Tribunalspiels verlost. Für die Rolle der
Richter_innen werden Freiwillige gebraucht.**

- Sie haben ihre Rollenbeschreibung erhalten und die Anwält_innen und
  Zeug_innen der jeweiligen Partei finden sich zusammen und bekommen
  das Informationsmaterial. Auf den Rollenkarten befindet sich Hinter-
  grundinformation bzw. ihre Zeugenaussage, zusätzliche Infos wie Bild-
  material werden Ihnen bereitgestellt. Sie haben 20 Minuten Zeit dieses
  zu sichten, die wichtigen Zeugenaussagen festzulegen und zu ihrer Rolle
  nochmal Fragen zu stellen. Am Ende nutzen Sie in Ihrer Gruppe noch 5
  Minuten, um eine Strategie zu entwickeln.
- Dabei sollten die Anwält_innen ihre Argumentation festlegen und die
  Zeug_innen auswählen, die Sie aufrufen wollen.
- Dann beginnt das Gerichtsverfahren. In der 1. Runde stellt sich jede
  Gruppe kurz vor und benennt ihre Anklagepunkte oder legt Widerspruch
  ein. Forderungen oder Wünsche.
- Danach haben Sie noch einmal kurz Zeit, um in der Gruppe zu bespre-
  chen, wie Ihr Ziel erreicht werden kann. Dann beginnt die Verhandlung
  und Sie nehmen Platz im Gerichtssaal. Von den Richtern werden Sie zur
  Vorstellung der Beweisführung aufgefordert.
- Nach einem Schlussplädoyer der Anwälte ziehen sich die Richter_innen
  zurück, beraten sich und fällen das Urteil.
- Diese Entscheidung wird in der Abschlussrunde verkündet.
  Die Anwält_innen haben die Möglichkeit, auf die Entscheidung zu reagieren. Danach ist das Gerichtsverfahren beendet.
- Im Anschluss gibt es eine längere Pause, bevor es in die gemeinsame Aus-
  wertung des Planspiels geht.

Die benötigten
Medien befinden
sich im Zusatz-
material.

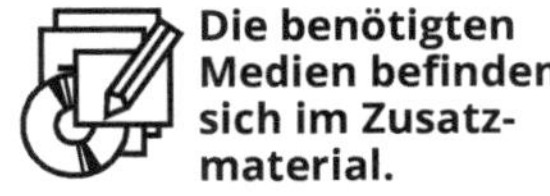

[1] Ein Planspiel zu den
Folgen der brasiliani-
schen Energiewirtschaft
›Der XINGU soll leben‹
findet sich im Werkheft
›Was sind schon zwei
Grad mehr?! Klima-
wandel und Umwelt-
konflikte in Lateiname-
rika‹, des Bildungslabor
Lateinamerika, hrsg.
vom Informationsbüro
Nicaragua.

Verhandlungsschema

1. Erste Verhandlungsrunde

Gericht/Richter_innen	Anklage	Verteidigung
Darstellung des Problems (Verhandlungsführung)	Begründung der Anklage	Widerspruch gegen die Anklage und Verteidigung

2. Gruppenphase/ Rückzug: Vorbereitung der zweiten Verhandlungsrunde

3. Zweite Verhandlungsrunde

	Beweisführung (Zeugen, Sachverständige)	Beweisführung (Zeugen, Sachverständige)

4. Schlussplädoyers, Auswertung und Urteilsspruch

Ablauf des Tribunalspiels

1. Eröffnungsrunde
(20 Min.)

Die Richter_innen begrüßen die Anwesenden. Die Parteien von Anklage und Verteidigung stellen sich und ihre Anklagepunkte und Forderungen vor bzw. legen Widerspruch gegen die Anklage ein.

Die Richter schließen die Runde nach 20 Minuten.

**2. Gruppenphase/
Rückzug**
(15 Min.)

Es folgt eine Beratung zum weiteren Vorgehen innerhalb jeder Gruppe und es werden Zeug_innen und Beweismaterial für die Verhandlungsrunde gewählt. Nach 15 Minuten rufen die Richter_innen zur Weiterführung der Verhandlung.

3. Verhandlungsrunde
(30 Min.)

Zu Beginn der Verhandlung soll nun die Anklage die Beweisführung mittels Zeugenaussagen vortragen (15 Min.). Die Richter_innen und Anwält_innen der Gegenseite können dazu Fragen stellen, die von den Anwält_innen der Anklage beantwortet werden sollen. Anschließend dürfen die Angeklagten ihre Zeugenaussagen und Beweismittel vortragen und auf Rückfragen durch Richter_innen und die Anwält_innen der Anklage antworten (15 Min.).

**4. Schlussplädoyer,
Auswertung und
Urteilsspruch**
(15 Min.)

Es folgt ein Schlussplädoyer beider Parteien. Nach kurzer Rücksprache verkünden und begründen die Richter ihr Urteil. Die Anwält_innen haben die Möglichkeit, mit einem Abschlussstatement auf die Entscheidung zu reagieren. Danach ist das Gerichtsverfahren beendet.

Regeln für das Tribunalspiel

1. Lassen Sie sich auf die Simulation ein, denn je mehr Jede_r seine Rolle spielt, desto spannender wird das Spiel! Bleiben Sie in der Rolle und bewerten Sie das Tribunalspiel noch nicht persönlich, die Auswertung, bei der Sie ihre eigene Meinung einbringen können, gibt es danach.
2. Es gibt während des Spiels keine richtigen Pausen. Für dringende Bedürfnisse kann vielleicht die Gruppenphase nach Absprache mit der Gruppe genutzt werden. Es ist aber wichtig, dass Sie als Spieler_innen die ganze Zeit in Ihren Rollen bleiben und sich nicht über andere Themen unterhalten. Besonders die ›Rückzugphasen‹ im Spiel sind keine Pausen vom Spiel, sondern inoffizielle Verhandlungsrunden. Hier können eigene Standpunkte nochmal verdeutlicht werden und die Argumentation und Strategie für die nächste Runde beschlossen werden.
3. Gestalten Sie Ihre Rollen frei aus. Die Grundhaltungen der Rollen stehen in den Rollenbeschreibungen. Wenn Ihnen darüber hinaus Argumente oder Fakten für die Diskussion fehlen, können diese auch frei dazu erfunden werden.
4. Fast alle erdenklichen Mittel sind möglich, um die Richter_innen von den eigenen Interessen zu überzeugen. Kreativität ist gefordert! Persönliche Abwertungen und Beleidigungen sind nicht erlaubt.
5. An der offiziellen Gerichtsverhandlung nehmen immer je zwei Anwält_innen jeder Partei teil. Nach dem Rotationsprinzip können diese in jeder Runde wechseln. Die inaktiven Gruppenmitglieder dürfen nicht eingreifen und nicht reden. Lediglich schriftliche Notizen dürfen an die eigenen Vertreter_innen gesendet werden.
6. Das Verfahren wird von den Richter_innen geleitet. Er gibt auch die Zeiten der einzelnen Runden vor und kontrolliert, dass keine Zeitüberschreitung stattfindet.

   Danach gibt es eine Pause, bevor es in die gemeinsame Auswertung des Planspiels geht und auch das reale Urteil bekanntgegeben werden kann.

Die benötigten Medien befinden sich im Zusatzmaterial.

Abschluss und Reflexion

Diskutieren Sie in der Klasse über folgende Fragen:
- Sind Sie mit dem Urteilsspruch im Tribunalspiel zufrieden? Warum/ Warum nicht? Wurden Ihre Interessen und Argumente angemessen berücksichtigt?
- Fanden Sie das im Tribunalspiel gefällt Urteil gerecht?
  Wenn nicht: Wie hätte ein gerechtes Urteil ausgesehen?
- Jetzt, wo Sie das reale Urteil kennen: Halten Sie das gefällte Urteil für gerecht?
- Welche Konsequenzen hat das Urteil wohl für die verschiedenen Parteien?

VON JOHANNA BELOW DA CUNHA & NICOLE SCHWABE

KONFLIKTE UM DIE NUTZUNG VON ROHSTOFFEN IM BRASILIANISCHEN AMAZONASGEBIET

Die Auseinandersetzung mit dem Thema der Sammelwirtschaft im brasilianischen Amazonasgebiet zeigt die Verschiedenartigkeit von Nutzungsformen auf und soll eine Grundlage für Diskussionen über Nachhaltigkeit und alternative Formen der Nutzung von Natur in einem Spannungsfeld mit ökonomischen Entwicklungskonzepten bieten. Die Schüler_innen lernen dabei Konfliktlinien um die Rohstoffnutzung in Amazonien kennen und setzen sich mit verschiedenen Formen der Rohstoffnutzung auseinander.

Unterrichtsphase	Wesentliche Aspekte des Interaktionsgeschehens	Sozialform	Medien	Didaktische Begründung
Einführung (45 Min.) oder Hausaufgabe	**Einführungstext ›Sammelwirtschaft in Brasilien – eine Alternative?‹** SuS lesen den Einführungstext und markieren dabei wichtigste Aussagen und zentrale Begriffe. Die Hauptaussagen des Textes sollen kurz in eigenen Worten zusammengefasst werden.	Einzelarbeit oder wahlweise auch Partnerarbeit	Text	Der Einführungstext soll in das Thema Sammelwirtschaft im brasilianischen Amazonasgebiet einführen und gibt einen historischen Überblick sowie Eindrücke aktueller Tendenzen zum Konflikt um die Nutzung natürlicher Ressourcen des Amazonasgebietes.
Erarbeitungsphase 1 Reportage schreiben (90 Min.) und Hausaufgabe	SuS sollen eine Reportage **über die Sammelwirtschaft und die Sammelschutzgebiete im brasilianischen Amazonasgebiet schreiben.** *Hilfestellung: Leitfragen und Text ›Wie schreibe ich eine Reportage?‹ Dieser kann vorbereitend als Hausaufgabe oder gemeinsam zu Stundenbeginn gelesen werden.* **Die Materialien für die Reportage (Zitate der verschiedenen Akteure, kurze Artikel und Bilder) werden im Klassenraum verteilt und wenn möglich an den Wänden aufgehängt. In einer Einzelarbeitsphase sollen die SuS sich im Klassenraum frei bewegen und für ihre Reportage** *recherchieren.* **Die Aufgabe ist einfacher, wenn die gleichfarbigen Zitate nebeneinander aufgehängt werden.**		Bild- und Textmaterial	Die Zitate, Bilder und Textausschnitte stellen einzelne Puzzlestücke dar, über die sich die SuS ihr eigenes Bild über das Thema Sammelwirtschaft und Konflikte um die Nutzung von Ressourcen des Amazonasgebietes machen sollen. Es gibt dabei nicht den Anspruch, dass alle Zitate gelesen werden müssen. Es gibt auch keine Hierarchisierung von Aussagen bzw. eine Sortierung nach Relevanz. Die SuS sollen selbst entscheiden, welche Aussagen sie in welcher Reihenfolge lesen, wann sie genug gelesen haben, welche Aussagen sie für wichtiger oder für weniger wichtig erachten.

Einführungstext:
›Den Wald nutzen, um ihn zu erhalten: Sammelwirtschaft in Brasilien – eine Alternative?‹

Lesen Sie den Text gründlich durch und markieren Sie dabei die wichtigsten Aussagen sowie zentrale Begriffe. Schreiben Sie unbekannte Begriffe heraus. Diese sollten mit der Hilfe des Internets geklärt oder in einem Lexikon nachgeschlagen werden.

  Fassen Sie danach die wichtigsten Aussagen der einzelnen Abschnitte ganz kurz in eigenen Worten zusammen.

Die Geschichte der Sammelwirtschaft, wie sie heute in Brasilien bekannt ist, und die Entstehung des *Nationalen Rats der traditionellen Sammler von Waldprodukten* (CNS) sind eng mit der Geschichte des Kautschuks verbunden.

  Der Rohstoff Kautschuk wird aus einem Baum gewonnen, der als **Pao ole Seringa (Hevea brasiliensis)** bekannt ist. Mit dem aufkommenden Automobilzeitalter wurde der in Brasilien gewonnene Kautschuk bedeutsam, da er für die Reifenherstellung genutzt wurde. So wurde Kautschuk auch als ‚weißes Gold‘ bekannt.

  Ab Mitte des 19. Jahrhunderts führte der **erste Kautschukboom** dazu, dass viele Menschen aus dem Nordosten Brasiliens in das Amazonasgebiet zogen, um dort als Kautschukzapfer zu arbeiten. Die oftmals landlosen Bauern flüchteten vor Dürre und Hunger, und hofften auf ein besseres Leben in den Kautschukregionen.

  Die Arbeiter mussten ihre Reise und die Arbeitsgeräte selber bezahlen. Dafür mussten sich viele verschulden und gerieten in ein Abhängigkeitsverhältnis von ihrem jeweiligen *patrão* (Chef). Durch diese Abhängigkeit waren sie gezwungen, den Kautschuk zu sehr niedrigen Preisen zu verkaufen. Für Lebensmittel und andere Güter wurden dagegen unverhältnismäßig hohe Preise von den Kautschuksammler: Seringeros verlangt. Dadurch verschuldeten sie sich noch weiter und wurden noch abhängiger (Schuldknechtschaftsverhältnis). Als die brasilianische Kautschukwirtschaft zu Beginn des 20. Jahrhunderts in eine **Krise** geriet, gaben viele der großen Kautschukhändler ihr Geschäft auf. Die Kautschukzapfer wurden dadurch etwas unabhängiger. Sie lebten nun auch von Aktivitäten, die ihnen vorher oft verboten worden waren: von der Landwirtschaft, vom Fischfang oder vom Sammeln von Früchten, Fasern, Ölen, Medizinpflanzen und Nüssen.

Während des **Zweiten Weltkriegs** kam es im Zusammenhang mit der Kriegsproduktion der Alliierten zu einem **zweiten Kautschukboom**. Hierzu kamen wieder viele Arbeiter aus anderen Landesteilen in das Amazonasgebiet. Ihre Arbeit wurde öffentlich – auch mittels Plakaten – als ›Dienst zur Verteidigung Brasiliens und der Alliierten‹ propagiert, sie wurden deshalb auch ›Kautschuksoldaten‹ genannt. Wie schon beim ersten Kautschukboom verblieb ein Teil der Kautschukzapfer auch nach dem Zweiten Weltkrieg im Amazonasgebiet.

In den 1960er und 1970er Jahren verstärkte sich unter der Militärregierung dann die **Zerstörung des Amazonasgebiets** in Brasilien. **Abholzung und landwirtschaftliche Ausbeutung** dehnten sich

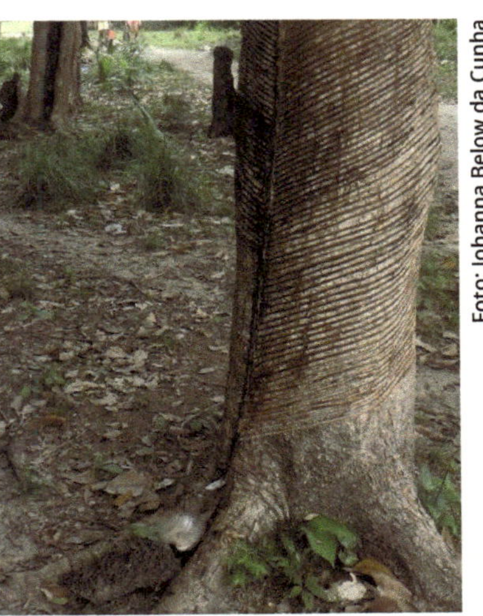

Kautschukbaum im Sammelschutzgebiet RESEX Tapajós-Arapiuns, Pará, Brasilien

Foto: Johanna Below da Cunha

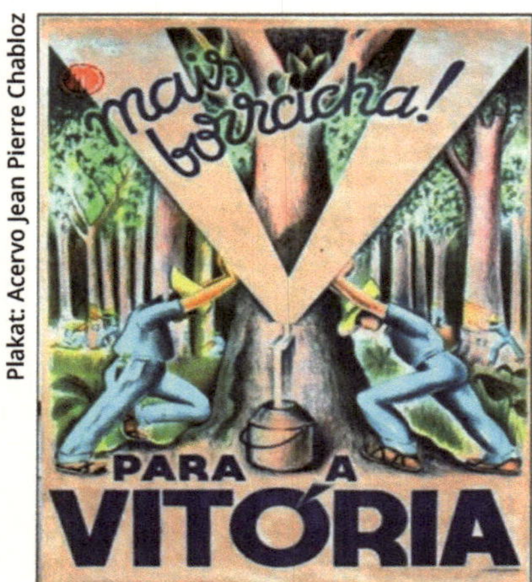

›Mehr Kautschuk für den Sieg‹,
Fortaleza, 1943.
(Plakat: Acervo Jean Pierre Chabloz
– Kunstmuseum der Universidade
Federal do Ceará – UFC.)

immer weiter aus. Viele Kautschukzapfer wurden unter Anwendung von Gewalt von ihren Ansiedlungen vertrieben, andere blieben im Wald oder arbeiteten auf den neuen Farmen der Großgrundbesitzer. Organisiert, zumeist in ländlichen Gewerkschaften, leisteten die Kautschukzapfer **Widerstand** gegen die Zerstörung des Waldes von dem sie lebten. Um ihre Interessen zu vertreten, gründeten sie 1985 den **Nationalen Rat der Kautschukzapfer (CNS).** Der CNS Conselho Nacional de Seruingeros tritt sowohl für Umweltschutz als auch für soziale Gerechtigkeit ein. Er fordert Land (in Form von Sammelschutzgebieten), Unterstützung bei der Verarbeitung und Vermarktung der gesammelten Produkte, staatliche Gesundheitsversorgung und Zugang zu formaler Bildung in den abgelegenen Gemeinden des Amazonasgebiets. Symbol des CNS ist die ›Poronga‹, ein Lämpchen, das die Kautschukzapfer auf dem Kopf trugen, wenn sie in der Morgendämmerung begannen durch den Wald zu ziehen.

Ab dem Jahr 1990 erreichten die Kautschukzapfer nach Jahren des Widerstandes mit vielen Toten, dass der Staat die ersten **Sammelschutzgebiete (RESEX)** Reservas Extrativistas einrichtete, in denen sie leben und der Sammelwirtschaft nachgehen können. Diese Sammelschutzgebiete sollen Umweltschutz und soziale Gerechtigkeit verbinden. Doch die soziale Situation in den Sammelschutzgebieten ist oftmals problematisch. Der Zugang zu formaler Bildung ist bis heute schwierig, weil die staatlichen Schulen schlecht ausgestattet sind und oftmals Lehrer_innen fehlen, die in den abgelegenen Gebieten arbeiten wollen. Zudem gibt es nur selten weiterführende Schulen. Auch die staatliche Gesundheitsversorgung ist sehr schlecht bzw. in vielen Fällen gar nicht vorhanden. Lokales medizinisches Wissen geht gleichzeitig mehr und mehr verloren.

Manchmal sind die Sammler_innen auch innerhalb der Sammelschutzgebiete von der Ausbreitung des illegalen Holzeinschlags bedroht und geraten in Konflikte mit den Holzfällern.

Brasilien – Basisdaten

Brasilien ist der flächen- und bevölkerungsmäßig fünftgrößte Staat der Erde und gehört zu den aufstrebenden Wirtschaftsmächten. Mit einem Bruttoinlandsprodukt (BIP) von rund 2.500 Mrd. USD war Brasilien 2011 die sechstgrößte Volkswirtschaft der Welt. Die Thematik der Sammelschutzgebiete ist nur ein kleiner und spezieller Ausschnitt der Realität dieses großen und vielfältigen Landes.

Foto 1: Parlament in Brasília

Fläche: 8.514.215 km²
Bevölkerungszahl: 202,74 Mio.
   (Berechnung Juni 2014)
Hauptstadt: Brasília
Amtssprache: Portugiesisch
Unabhängigkeit: 1822
Staatsform: Bundesrepublik
Währung: Real (BRL)
Größte Stadt: São Paulo mit mehr
   als 11 Mio. Einwohnern (Berlin
   hat rund 3 Mio. Einwohner)

Foto 2: São Paulo

2009 änderte der CNS seinen Namen in **Nationaler Rat der traditionellen Sammler von Waldprodukten**, behielt aber die Abkürzung
CNS bei. Der Grund für die Namensänderung bestand darin, dass die
Organisation schon seit längerer Zeit nicht mehr nur Kautschukzapfer
politisch vertrat, sondern auch Sammler_innen von anderen Wild-
waldprodukten, wie Paranüssen, Babaçu, Açaí aber auch Fischer_innen
und die Sammler_innen von Wassertieren.

Der CNS prägte den **Begriff der Sammelwirtschaft**, auf Portugiesisch wird diese ›Extrativismo florestal‹ oder auch nur ›Extrativismo‹
genannt.

Die einen sehen in der Sammelwirtschaft eine Lösung für ökologische und soziale Herausforderungen. Sie wollen die Produkte der
Sammelwirtschaft stärker vermarkten. Andere glauben, dass die Sammelwirtschaft keine Zukunft hat, da sie die Produktion für wirtschaftlich nicht tragfähig halten.

Unter den Sammler_innen gibt es verschiedene Strömungen: Neben
denen, die sich eine stärkere Vermarktung ihrer Produkte wünschen,
gibt es auch kleine lokale Gemeinschaften, die es ablehnen, in die
kapitalistische Geldwirtschaft integriert zu werden.

Dieser ›Extraktivismo‹, wie ihn die traditionellen Sammler_innen
verstehen, ist nicht zu verwechseln mit Extraktivismus im Sinne eines
aggressiven Abbaus von Rohstoffen für den Export, wie es etwa beim
Bergbau oder der Ölförderung der Fall ist.

**Auch in Brasilien wird das Wirtschaftswachstum des Landes
durch eine aggressive Ausbeutung natürlicher Rohstoffe erreicht, die
Umweltzerstörung und oftmals die Vertreibung lokaler Gemeinden
zur Folge hat.** Aber die Gruppe der traditionellen Sammler_innen von
Waldprodukten, die durch den CNS vertreten wird, möchte den Wald
auf eine schonendere Art nutzen, um ihn und damit ihre Lebensgrundlage zu erhalten.

Text: Johanna Below da Cunha

Symbol des CNS

Verschiedene Produkte der Sammelwirtschaft:
Paranüsse, Kautschuk und Açaí

Quellen Bilder im Einführungstext

Mehr Kautschuk für den Sieg, Fortaleza, 1943., Plakat: Acervo Jean Pierre Chabloz –
Kunstmuseum der Universidade Federal do Ceará – UFC.;
    URL: www.bbc.co.uk/staticarchive/9f2be103ae89f32dd4673e1dfc32ab1d507bc03f.jpg
    (Zugriff: 18.05.2015)

Symbol des CNS:
    URL: https://cnsbelem.files.wordpress.com/2007/05/logo-cns.thumbnail.gif
    (Zugriff: 18.05.2015)

Foto 1
    Parlament in Brasília: 0607 - panoramio" von Marco Mugnatto. Lizenziert unter CC BY 3.0
    über Wikimedia Commons - https://commons.wikimedia.org/wiki/File:0607_-_panoramio.
    jpg#/media/File:0607_-_panoramio.jpg (Zugriff 22.10.15)

Foto 2
    São Paulo: https://cnsbelem.files.wordpress.com/2007/05/logo-cns.thumbnail.gif
    (Zugriff: 22.10.15)

Foto 3
    http://rondoniaempauta.com.br/nl/wp-content/uploads/2013/08/manu2.jpg,
    (Zugriff: 10.12.15)

Foto 4
    Marcelo Cunha

Foto 5
    Johanna Below da Cunha

Literatur

ALLEGRETTI, Mary Helena. A Construção social de políticas ambientais: Chico Mendes e o
    Movimento dos Seringueiros. Tesis Doctoral. Brasília: Universidade de Brasília 2002.

ALMEIDA, W. Barbosa de. ›Direitos à floresta e ambientalismo: Seringueiros e suas lutas.‹
    Revista Brasileira de Ciências Sociais 19.55 (2004): 33–52.

RAMOS, Verena. ›Überleben durch Anpassung. Kautschukzapfer im amazonischen
    Regenwald.‹ Forschungs- und Dokumentationszentrum Chile-Lateinamerika – FDCL).
    (Hg.) Amazonien: Stadt, Land, Fluss (2009): 63–66.

BROWN, Katrina; ROSENDO, Sergio. ›The Institutional Architecture of extractivist Reserves in
    Rondonia, Brazil.‹ The Geographical Journal 166.1 (2000): 35–48.
    Presidência da República do Brasil. Decreto n° 98.897, de 30 de janeiro de 1990.

EHRINGHAUS, Christiane. Post-Victory Dilemmas: Land Use, Development, and Social Movement
    in Amazonian Extractive Reserves. Tesis Doctoral. New Haven: Yale University 2005.

SCHEIBE WOLFF, Cristina. Mulheres da Floresta: uma história. Alto Juruá, Acre (1890–1945).
    São Paulo: Hucitec 1999.

WEINSTEIN, Barbara. The Amazon Rubber Boom 1850–1920. Stanford: Standford University 1983.

**Die benötigten
Medien befinden
sich im Zusatz-
material.**

Eigene Reportage zu den Sammelschutzgebieten

**[1] Die verwendeten
Zitate sind keine wört-
lichen Zitate, sondern
wurden von der Auto-
rin auf Grundlage eines
einjährigen Arbeits-
aufenthaltes und eines
sechsmonatigen For-
schungsaufenthaltes
formuliert, bei dem
ein enger Kontakt in
Form von Interviews,
informellen Gesprä-
chen, Zusammenarbeit
und Zusammenleben
zum CNS und zu den
Bewohner_innen von
Sammelschutzgebieten
bestand.**

Verfassen Sie eine Reportage über die Sammelwirtschaft und die Sammelschutzgebiete im brasilianischen Amazonasgebiet. Die Materialien für die
Reportage (Zitate der verschiedenen Akteure[1], kurze Artikel und Bilder) werden im Klassenraum verteilt (z.B. auf Tischen ausgelegt und befestigt oder
an die Wände geklebt). Die einzelnen Themenbereiche sind farblich mar-
kiert. Sie können sich in einer Einzelarbeitsphase frei durch den Raum bewe-
gen und für Ihre Reportage ›recherchieren‹. Vergessen Sie nicht, sich dabei
Stichworte zu den verschiedenen Aussagen zu machen und die gesammelten Informationen so festzuhalten, dass Sie später eine Schreibgrundlage
haben. Eine Orientierung könnten die folgenden Leitfragen bieten:

- Was versteht man unter Sammelwirtschaft? Welche Chancen
  und Probleme sind mit Sammelwirtschaft verbunden?
- Wie sieht die soziale Situation vieler Bewohner_innen in den
  Sammelschutzgebieten aus?
- In welche Art von Konflikten sind die Sammler_innen von Waldprodukten involviert? Welches sind die verschiedenen Standpunkte
  in diesen Konflikten?

Wie schreibe ich eine Reportage?

Eine Reportage ist eine journalistische Form der Erzählung, die nicht einfach mit einem Bericht gleichzusetzen ist. Bei einer Reportage geht es um mehr als nur die bloße Darstellung eines Sachverhalts oder Ereignisses.

Durch einen lebendigen Sprachgebrauch und Zitate sollen in einer Reportage eine Nähe zum Geschehen geschaffen werden und das Gefühl vermittelt werden, selbst dabeigewesen zu sein. In sprachlicher Hinsicht kann es helfen, sich vorzustellen, dass eine Reportage verschiedene Sinne ansprechen soll. Können die Leser_innen das Erzählte sehen, hören, schmecken und fühlen?

Der erste Satz der Reportage ist besonders wichtig. Er soll eine bestimmte Stimmung vermitteln und neugierig machen. Danach werden die Leser_innen auf einem klar nachvollziehbaren Weg durch das Geschehen geleitet. Falls das Geschehen selbst keine zeitlich chronologische Abfolge hergibt, die übernommen werden kann, muss eine andere Form der Gliederung gefunden werden, um die Leser_innen durch das Thema zu führen.

Neben der Darstellung grundlegender Informationen (Um wen oder was geht es in dem vorliegenden Fall? Weshalb ist das Thema wichtig?) geht eine Reportage auf die Hintergründe der Thematik ein, gibt Raum für verschiedene Schicksale oder ›Nebengeschichten‹, die mit dem Thema verbunden sind. So wird der Fall von unterschiedlichen Seiten betrachtet und verschiedene Perspektiven werden einbezogen. Dazu werden neben allgemeinen Informationen, Eindrücke und Erfahrungen von Personen wiedergegeben, die mit dem Geschehen in Verbindung stehen.

Da eine bestimmte Auswahl darüber getroffen wird, welche Stimmen gehört werden sollen und welchen Aspekten Aufmerksamkeit geschenkt werden soll, ist eine Reportage subjektiv. Dennoch ist es wichtig, Informationen korrekt wiederzugeben, ein möglichst umfassendes Bild des Geschehens zu zeichnen und auch unterschiedliche Positionen von Beteiligten einzubeziehen.

Quellen

BpB. ›Die Reportage‹ 29.7.2013. URL: www.bpb.de/lernen/schuelerwettbewerb/ 139294/die-reportage (Zugriff: 20.07.2014).

›Tipps zum Schreiben einer Reportage‹. URL: www.deutscher-bericht.de/ tipps-zum-schreiben-einer-reportage.html (Zugriff: 20.07.2014).

 **Die benötigten Medien befinden sich im Zusatzmaterial.**

Hier einige Beispiel-Zitate

»Die Sammelwirtschaft ist eine wichtige Lebensgrundlage im ländlichen Raum des Amazonasgebiets. Babaçu, Açaí, Kautschuk, Buriti, Carnaúba, Paranüsse, Andiroba und Copaíba – werden allesamt in Form der Sammelwirtschaft, also nachwachsend und nachhaltig, gesammelt und genutzt.«
(Atanagildo, Politischer Anführer des CNS)

»Nicht nur Holzfirmen, Viehzüchter und Sojafarmer bedrohen die Lebens- und Arbeitsweise der Sammler. Auch der Bau von Staudämmen und der Abbau von Gold, Bauxit, Eisenerz und anderen Bodenschätzen schreitet in Amazonien weiter voran.«
(Joaquim, Nichtregierungsorganisation)

»Wer tut was für die brasilianische Wirtschaft? Das sind doch wir! Die Sammler tragen dazu wenig bei.«
(Thais, Großgrundbesitzer)

»Die einzige Möglichkeit für uns, unseren Lebensstil aufrecht zu erhalten und nicht vertrieben zu werden ist, dass das Land, auf dem wir leben, offiziell als Sammelschutzgebiet anerkannt wird.« (Eduardo, Sammler der Paranuss)

»Wesentlicher Grund für die anhaltende Abwanderung aus dem Waldgebiet in die Stadt ist die Suche nach umfangreicher medizinischer Versorgung und nach guten Schulen für die Kinder. Wenn das Sammelschutzgebiet und das Leben von den Produkten des Waldes zukunftsweisend sein soll, dann muss diesen Grundbedürfnissen zwingend Rechnung getragen werden.«
(Patricia, Nichtregierungsorganisation)

»Für dieses Sammelschutzgebiet haben wir lange gekämpft und wir sind froh, dass wir es bekommen haben. Aber jetzt schreibt uns die staatliche Umweltschutzbehörde genau vor, wie wir das Land nutzen sollen, was wir jagen und sammeln dürfen und was nicht und inwieweit wir Landwirtschaft betreiben können. Das sind zu viele Verbote, wir fühlen uns nicht mehr frei!«
(Isaias, Bewohner eines Sammelschutzgebiets)

»Die Babaçu-Sammelwirtschaft ist ein positives Beispiel, wie von den natürlichen Ressourcen Amazoniens gelebt werden kann, ohne sie zu zerstören.«
(Nice, politische Anführerin der Babaçu-Sammelerinnen)

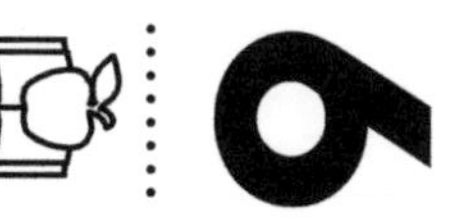

VON YVONNE RÖSSLER & ANNE TITTOR

NACHHALTIGE NUTZUNG DES REGENWALDS IN ECUADOR UND SOZIALE ENTWICKLUNG ZUGLEICH?

Die Einheit führt zunächst kurz in die Themenkomplexe Emissionshandel und Entwaldung ein. Danach soll am Beispiel des Waldschutzprogramms *Socio Bosque* in Ecuador eine kontroverse Auseinandersetzung über Fragen eines nachhaltigen Umgangs mit Natur stattfinden sowie die sozialen Auswirkungen auf die lokale Bevölkerung betrachtet werden. Vor- und Nachteile des Programms sollen dabei zunächst gesammelt werden und dann diskutiert werden, inwiefern externe Evaluator_innen (in deren Rolle die SuS schlüpfen) solche Fragen bewerten können. Abschließend soll über eigene Handlungsmöglichkeiten gesprochen werden, Emissionen einzusparen.

Unterrichtsphase	Wesentliche Aspekte des Interaktionsgeschehens	Sozialform	Medien	Didaktische Begründung
Einführung (15 Min.) (15 Min.) (15 Min.)	**Einführung in das Thema Emissionshandel und Entwaldung** **Schritt 1:** SuS schauen sich den Kurzfilm ›Wie funktioniert der CO_2-Handel?‹ an und notieren sich ggf. Fragen, die danach gemeinsam geklärt werden können. www.bpb.de/mediathek/179356/wie-funktioniert-der-co2-handel (2 Min., grundlegend) **Schritt 2:** Analyse des Kurztexts ›Das Prinzip des Emissionshandels‹ sowie der Grafik 1 ›Effekte des Emissionshandels **Schritt 3:** Analyse des Kurztextes ›Klimawandel und Entwaldung‹ sowie der Grafik 2: ›Globale CO_2-Emissionen‹.	Film und anschließende Diskussion	Text und Videomaterial, Bildmaterial	Die Materialien stellen einen Einstieg in die Thematik Entwaldung und Emissionshandel dar.
Erarbeitungsphase 1 (15 Min.)	**Schritt 4:** SuS diskutieren anhand des Kurztexts ›Entwaldung in Ecuador‹ sowie der Grafik 3: ›Waldflächen in Ecuador im Jahr 1950 und 2005 im Vergleich‹ folgenden Fragen: • Wo liegt Ecuador, was sind seine Nachbarländer? Wieviel Wald verliert Ecuador im Jahr? In Prozent und in Hektar? • Wenn Deutschland den gleichen Anteil wie Ecuador an Wald im Jahr im Verhältnis zu seiner Größe verlieren würde, wie groß wäre die verlorene Fläche?		Text, Grafik und Rechenaufgabe	Die SuS sollen ein Gefühl für die Größe von Ecuador und Entwaldung im Verhältnis zu Deutschland bekommen.

(20 Min.)	**Schritt 5:** Einführung in das Waldschutzprogramm Socio Bosque anhand des Kurztextes ›Ziele des Programms Socio Bosque‹ • Diskussion zunächst in Partner_innenarbeit: Wie würden Sie die Ziele des Programms Socio Bosque zusammenfassen? Welche Verbindung gibt es zwischen Emissionshandel, Entwaldung sowie dem Programm Socio Bosque? An welchen Stellen setzt das Programm an? • Dann: Zusammentragen der Ergebnisse im Plenum und Festhalten an der Tafel.	*Hinweis: Insbesondere die Ziele des Programms: 1. Entwaldungsstopp, 2. Stärkung indigener Gemeinden, 3. Entwicklung und Partizipation sollten an der Tafel stehen, weil sie für die nachfolgende Phase wichtig sind.*	Text und Tafelbild	Die Materialien stellen das Programm Socio Bosque und seine Hintergründe vor. Die SuS sollen Verbindungen zwischen Entwaldung, Emissionshandel und dem Waldschutzprogramm verstehen
Erarbeitungsphase 2 (55 Min.)	**Simulation einer Expert_innenkommission** In 4 Gruppen eingeteilt setzt sich jede Gruppe als Expert_innenkommission mit den Erfahrungen in drei verschiedenen Gemeinden auseinander. Die vierte Gruppe diskutiert die langfristigen Schwierigkeiten. Dazu sollen die Texte im Zusatzmaterial gelesen werden und in der jeweiligen Gruppe diskutiert werden. Jede Gruppe erarbeitet zudem Verbesserungsvorschläge.	*Variante: Wenn mehr Zeit gegeben wird, kann jede Gruppe zudem eine Werbe- bzw. Bildungskampagne für bzw. gegen das Programm gestalten*	Text und Videomaterial, Bildmaterial	Auseinandersetzung mit einem der Standpunkte. *Variante: Durch eigene Kreativität entsteht eine Werbe- und Bildungskampagne für/gegen das Programm.*
Sicherung (45 Min.)	**Präsentation der Ergebnisse** Jede Gruppe trägt ihre Ergebnisse vor. • Welche Argumente sprechen für/welche gegen das Programm? • Wo gibt es Verbesserungsvorschläge?		In den Gruppen erstellte Materialien	Gegenseitige Vermittlung der erarbeiteten Ergebnisse. Die SuS kennen Argumente für und gegen das Programm.
Reflexion und Handlungsoption (45 Min.)	**Reflexionsrunde zu den Gruppenergebnissen:** War es für Sie einfach, eine Einschätzung zu dem Programm Socio Bosque zu entwickeln? Warum/ warum nicht? Welche Fragen hätten Sie gerne noch geklärt, bevor Sie Verbesserungsvorschläge machen können? Glauben Sie, dass externe Expert_innen bei einem kurzen Besuch der Gemeinden solche Fragen klären könnten? Warum/ Warum nicht? Im Anschluss könnten noch folgende **Transferfragen** diskutiert werden: • Welche Rolle kommt solchen Programmen angesichts des Globalen Klimawandels zu? • Was kann die Welt tun, um Emissionen einzusparen? • Was können Unternehmen tun? • Was können Regierungen tun? • Was können wir selber tun, um Emissionen zu mindern?			Die SuS sollen das Programm beurteilen und merken, wie schwierig es für externe BegutachterInnen ist, eine Einschätzung zu entwickeln. Die SuS überlegen, wie Emissionen eingespart werden können und was sie selbst zur Emissionseinsparung tun können.

6.1.

Einführung Emissionshandel und Entwaldung

Schritt 1:

**Schauen Sie sich den Einführungsfilm ›Wie funktioniert der CO2-Handel?‹
an und notieren Sie Fragen und Unklarheiten. Diese können danach in der
Klasse geklärt werden.**

Schritt 2:

**Diskutieren Sie aufgrund der Informationen zum Thema Emissionshandel,
die Sie in der Grafik 1 ›Globale CO_2-Emissionen‹ und dem Kurztext ›Das
Prinzip des Emissionshandels‹ finden, die folgenden Fragen:**
- **Welchen Effekt soll der Emissionshandel haben?**
- **Glauben Sie, dass mit dem dargestellten Mechanismus des Emissionshan-
  dels, das von diesem formulierte Ziel erreicht werden kann?**
- **Welche Nachteile und unerwünschten Nebeneffekte könnte der Emissi-
  onshandel nach sich ziehen?**

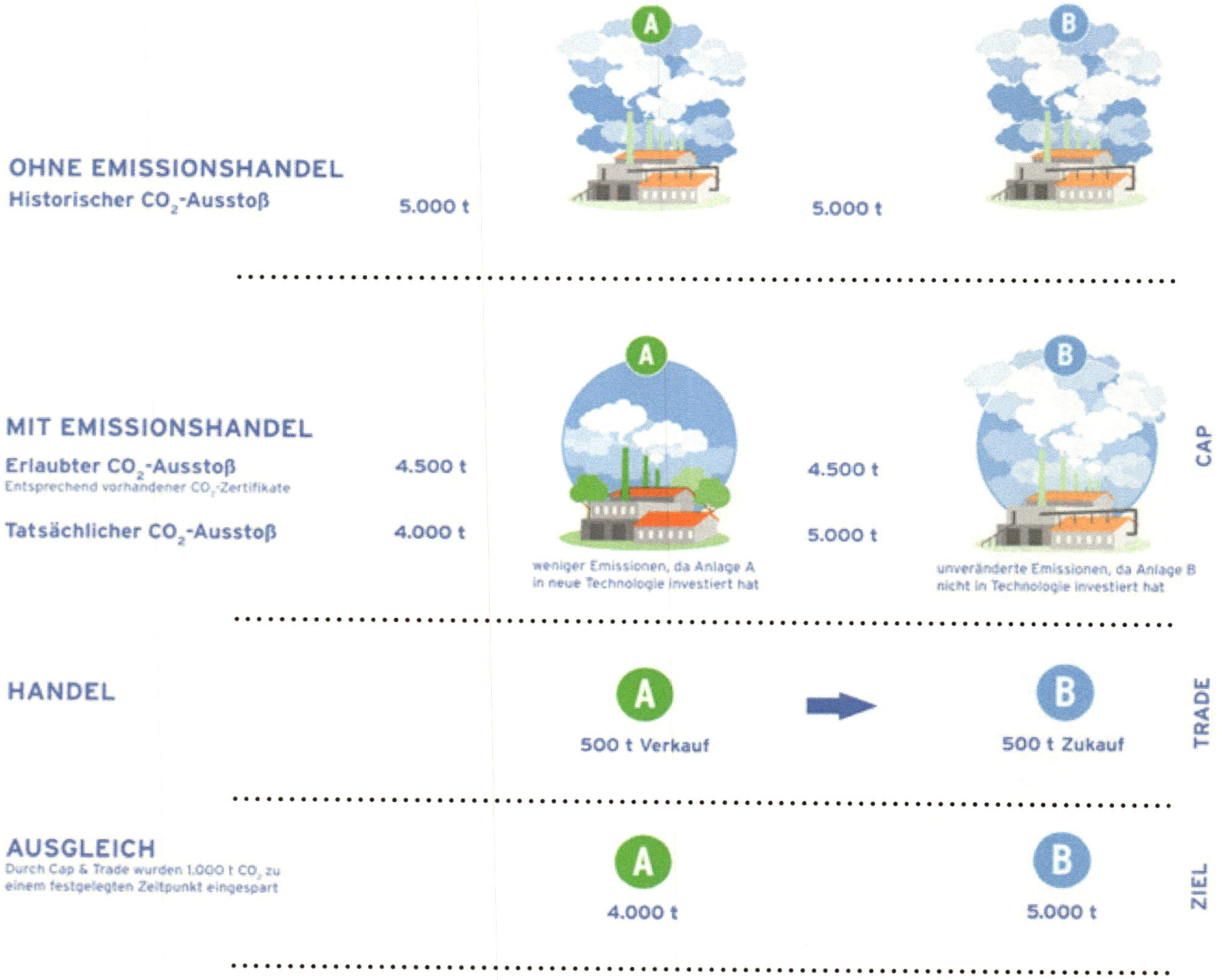

OHNE EMISSIONSHANDEL

Historischer CO_2-Ausstoß   5.000 t   5.000 t

MIT EMISSIONSHANDEL

Erlaubter CO_2-Ausstoß   4.500 t   4.500 t
Entsprechend vorhandener CO_2-Zertifikate

Tatsächlicher CO_2-Ausstoß   4.000 t   5.000 t

HANDEL

AUSGLEICH

Durch Cap & Trade wurden 1.000 t CO_2 zu
einem festgelegten Zeitpunkt eingespart

Grafik 1: ›Effekte des Emissionshandels‹;

Das Prinzip des Emissionshandels

1997 wurde auf der Klimakonferenz in Kyoto der Startschuss für den internationalen Handel mit Treibhausgasen als Mechanismus gegen die Erderwärmung gegeben. Die Europäische Union hat den Emissionshandel 2005 eingeführt. Er dient als marktwirtschaftliches Instrument, mit dem das Klima geschützt werden soll.

Das Prinzip ist denkbar einfach: Treibhausgas-Emissionen von Unternehmen werden auf eine bestimmte Höhe begrenzt und in Form von Berechtigungen ausgegeben. Alle Betriebe, die die Luft also mit Treibhausgasen belasten, benötigen hierzu Rechte. Je weniger Emissionen, desto wirtschaftlicher. Wer seine Treibhausgas-Emissionen reduziert, kann die überschüssigen Rechte verkaufen. Emissionshandel ist also der Handel mit Rechten zum Ausstoß von Treibhausgasen.

Kurztext: Yvonne Rössler

Schritt 3:
Diskutieren Sie aufgrund der Informationen des Kurztexts ›Klimawandel und Entwaldung‹ sowie der Grafik 2: ›Globale CO$_2$ Emissionen‹ folgende Fragen:
- Welche Aktivitäten sind Hauptverursacher des Klimawandels?
- Welche Länder sind Ihrer Meinung nach Hauptverursacher des Klimawandels? Woran lässt sich das festmachen?
- Welche Rolle spielt Entwaldung für den Klimawandel?
- Sind alle Wälder gleichermaßen wichtig und warum?
- Welche Zukunftsprognosen werden im Text genannt?

Klimawandel und Entwaldung

Um den Klimawandel aufzuhalten, ist nicht nur der Emissionshandel eingeführt worden, sondern es werden auch viele Studien und Programme in Auftrag gegeben, die Anreize bieten sollen, insbesondere für so genannte Entwicklungsländer, den CO$_2$ Ausstoß nicht weiter zu erhöhen. Einen wichtigen Beitrag dazu könnte ein Entwaldungsstopp bieten.

Die Mehrheit der Wissenschaftler_innen macht menschliche Aktivitäten für den Prozess der Klimaveränderungen verantwortlich. Wie die Grafik 2 zeigt, ist Entwaldung und Abholzung laut der NGO Conservation International für mindestens 16 % der weltweiten Treibhausgasemissionen verantwortlich.

Weltweit bedecken tropische Wälder 12 % der terrestrischen Landfläche, lagern aber 40 % des CO$_2$ der Welt. Die Abholzungsraten tropischen Waldes variieren in den 62 Nationen mit tropischen Wäldern stark – zwischen 0 % und 5 % jährlich. In den nächsten 20 Jahren könnte der Großteil der Tropenwälder der Welt der Viehzucht sowie Soja- und Palmölanbau zum Opfer fallen und verschwinden.

IPCC-Studien (IPCC=International Panel on Climate Change) belegen, dass 21 % der weltweiten Waldflächen in Südamerika zu finden sind. Zwischen 2000 und 2005 änderte sich die jährliche Abholzung auf dem Subkontinent von 3,8 auf 4,3 Millionen Hektar pro Jahr. Südamerika hat somit die höchste Abholzungsrate im Vergleich zu anderen Kontinenten.

Kurztext: Yvonne Rössler

Quelle
blog.conservation.org/
wp-content/uploads/
2009/12/400_Global_
GHG_Emissions.gif

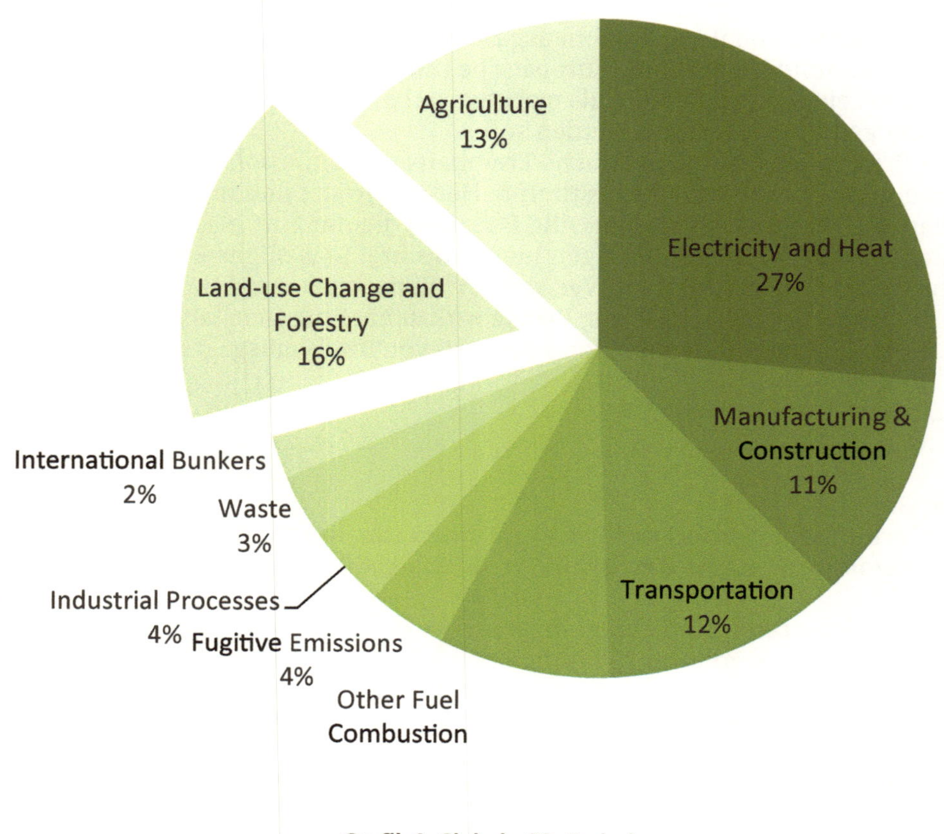

Grafik 2: Globale CO₂ Emissionen

Schritt 4:
**Diskutieren Sie aufgrund der Informationen des Kurztexts ›Entwaldung
in Ecuador‹ sowie der Grafik 3: ›Waldflächen in Ecuador im Jahr 1950 und
2005 im Vergleich‹ folgenden Fragen:**
- Wo liegt Ecuador, was sind seine Nachbarländer?
- Wieviel Wald verliert Ecuador im Jahr? In Prozent und in Hektar?
- Wenn Deutschland den gleichen Anteil wie Ecuador an Wald im Jahr im
  Verhältnis zu seiner Größe verlieren würde, wie groß wäre die verlorene
  Fläche? (Zur Orientierung: Deutschland ist 357.168 km² groß, was
  35,7 Mio. ha entspricht. Die Stadt Berlin hat 89.000 ha.)

6.2.

Entwaldung in Ecuador

Zwischen 1990 und 2010 verlor Ecuador durchschnittlich 1,43 % seines Waldes
pro Jahr, das sind rund 200.000 ha/Jahr. Damit steht das kleine Land an der
Spitze der Waldzerstörung in Lateinamerika. In der Summe entspricht der
Verlust mehr als einem Zehntel der Gesamtfläche des Landes. Ursachen sind
auch hier der illegale Holzeinschlag, der Ausbau der Agrarindustrie mit Vieh-
weiden und Schaffung von Anbauflächen für Palmöl sowie der stetige Ausbau zur Erschließung von Erdöl. Durch die Abholzung entstehen jährlich 55
Millionen Tonnen CO₂ (Guerrero, 2012).

1950

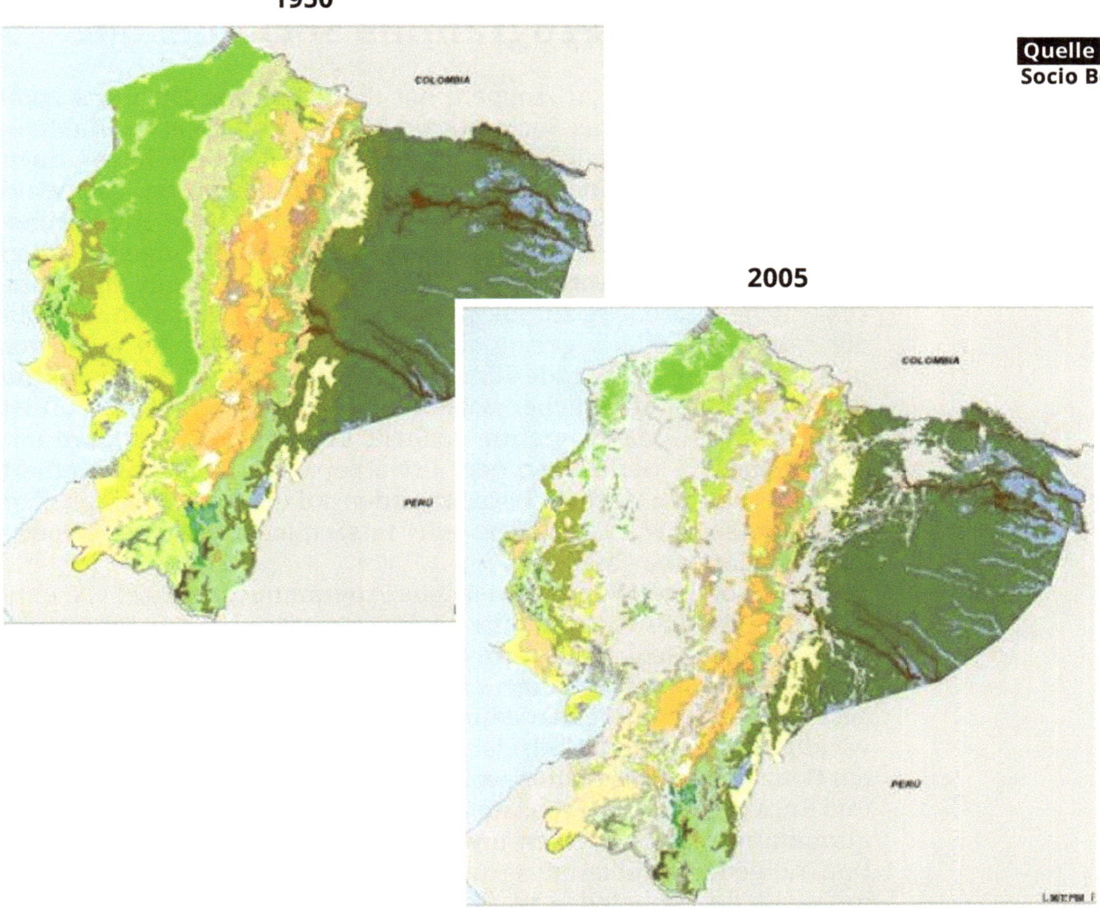

Quelle Programa
Socio Bosque.

Grafik 3: Waldflächen in Ecuador im Jahr 1950 und 2005 im Vergleich

6.3.

Das Waldschutzprogramm
Socio Bosque

Schritt 5:
**Lesen Sie den Kurztext ›Ziele des Programms Socio Bosque‹ und diskutie-
ren Sie zunächst mit ihrem Nachbarn oder Ihrer Nachbarin, danach in der
Klasse:**
- Wie würden Sie die Ziele des Programms Socio Bosque zusammenfassen?
- Welche Verbindung gibt es zwischen Emissionshandel, Entwaldung
  sowie dem Programm Socio Bosque?
- An welchen Stellen setzt das Programm an?
- Was sind indigene und afro-ecuadorianische Gemeinden?
- Was verbinden Sie mit dem Begriff Partizipation?

· ·

Ziele des Programms Socio Bosque

Um die Entwaldung zu stoppen, hat die Regierung Ecuadors 2008 ein Programm namens Socio Bosque (im Deutschen etwa Waldteilhaber oder Partner Wald) gestartet. Damit soll den Bewohner_innen in der Gegend ein finanzieller Anreiz gegeben werden, den Wald nicht weiter zu roden. Damit die Waldbesitzer die Ausgleichszahlungen erhalten, müssen bestimmte Voraussetzungen für den Waldschutz erfüllt werden. Die Zahlungen sollen damit eine wirtschaftliche Alternative zur illegalen Holznutzung darstellen. Obwohl die Zahlungen relativ gering sind (0,5 bis 50 US-Dollar je Hektar und Jahr), sind sie gerade für indigene und afro-ecuadorianische Gemeinden von erheblicher Bedeutung. Dementsprechend groß ist die Nachfrage. Das Programm schließt Verträge über 20 Jahre mit den Partnern – Gemeinden oder Privatpersonen – und kontrolliert deren Einhaltung jährlich. Derzeit werden auf diese Weise schon über 800.000 Hektar Wald geschützt – der tatsächliche Bedarf wird jedoch auf das Fünffache geschätzt.

Das Besondere: Während meistens Programme dieser Art v.a. individuellen Waldbesitzern zu Gute kommen, werden bei dem Programm Socio Bosque Gelder aus dem Emissionshandel und der Entwicklungszusammenarbeit indigenen Gemeinden kollektiv zur Verfügung gestellt. Diese entscheiden dann gemeinsam, welchen Typ von Entwicklung sie wollen, und ob sie z.B. eher eine Schule, eine Straße oder ein Gemeindehaus errichten wollen. Während oftmals Umweltschutz und Entwicklung als Gegensatz verstanden werden, versucht das Programm, beides zu vereinen und darüber hinaus zugleich die Situation indigener Bevölkerungsgruppen zu verbessern und Partizipation innerhalb der Gemeinden zu erhöhen.

Kurztext: Yvonne Rössler

· · · · · · · · · · · · · · · · · ·   ·

Schritt 6: Evaluation des Programms Socio Bosque
Im Folgenden sollen Sie in Gruppen evaluieren, ob die Ziele des Programms erreicht werden und ob es dazu dient, ein Modellprogramm für ganz Lateinamerika zu werden. Dazu werden 4 Gruppen gebildet. Jede Gruppe ist nun eine Expert_innenkommission, die nach einer längeren Erarbeitungsphase (mind. 45 Min.) ihre Einschätzung zu der Frage abgibt, ob die Ziele des Programms (1. Entwaldungsstopp, 2. Stärkung indigener Gemeinden, 3. Entwicklung und Partizipation) erreicht werden. Außerdem soll jede Gruppe Verbesserungsvorschläge für das Programm entwickeln.

> *Variante: Wenn in der Klasse ausreichend Personen über spanische Sprachkenntnisse verfügen, kann eine 5. Gruppe gebildet werden, die zwei spanische Dokumente erhält.*

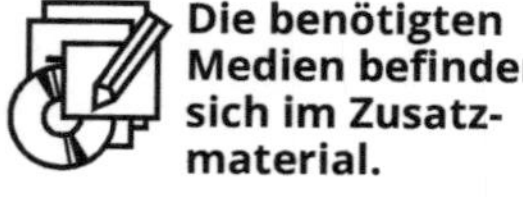
Die benötigten Medien befinden sich im Zusatzmaterial.

Es werden 4–5 Arbeitsgruppen gebildet:
Arbeitsgruppe 1 legt den Schwerpunkt auf die Verträge und soll herausfinden, ob dabei Einzelpersonen oder indigene Gemeinden bevorzugt werden. Außerdem soll sie die langfristigen Folgen des Programms diskutieren.

Arbeitsgruppe 2 beschäftigt sich eingehend mit den Auswirkungen des Programms in der Gemeinde Zuleta. Was beinhaltet das Programm Socio Bosque in Zuleta? Welche Ergebnisse wurden bereits erzielt? Mit welchen Maßnahmen? Welche der grundlegenden Ziele von Socio Bosque wurden erreicht, welche nicht?

Arbeitsgruppe 3 beschäftigt sich intensiv mit den Auswirkungen des Programms im Territorium der Sápara. Was beinhaltet das Programm Socio Bosque auf dem Territorium der Sápara? Welche Ergebnisse wurden bereits erzielt? Mit welchen Maßnahmen? Welche der grundlegenden Ziele von Socio Bosque wurden erreicht, welche nicht?

Arbeitsgruppe 4 beschäftigt sich intensiv mit den Auswirkungen des Programms auf die indigene Gruppe Secoya. Was beinhaltet das Programm Socio Bosque hier? Welche Ergebnisse wurden bereits erzielt? Mit welchen Maßnahmen? Welche der grundlegenden Ziele von Socio Bosque wurden erreicht, welche nicht? Welche Schwierigkeiten ergaben sich bei der indigenen Gruppe Secoya? Bitte diskutieren sie auch die Schlussfolgerungen, die die Autorin der Studie zieht.

Gruppe 5 (spanische Dokumente): Am Ende des Zusatzmaterials befindet sich darüber hinaus auch eine spanische Präsentation der Sápara zu den Vor- und Nachteilen von Socio Bosque sowie ein spanisches Interview mit einem Repräsentanten der Gruppe. Falls es in der Klasse möglich ist, eine Gruppe zu bilden, die über gute Spanischkenntnisse verfügt, erhält diese Gruppe die beiden Dokumente.

Im Anschluss stellt jede Gruppe ihre Ergebnisse vor. Jede Gruppe soll den Schwerpunkt darauf legen, welche Argumente für und gegen das Programm sprechen? Wo gibt es Verbesserungsvorschläge?
Danach sollte eine Reflexionsrunde zu den Arbeitsergebnissen in der Klasse anhand folgender Fragen erfolgen:
- War es für Sie einfach, eine Einschätzung zu dem Programm Socio Bosque zu entwickeln? Warum/ warum nicht?
- Welche Fragen hätten Sie gerne noch geklärt, bevor Sie Verbesserungsvorschläge machen können?
- Glauben Sie, dass externe Expert_innen bei einem kurzen Besuch der Gemeinden solche Fragen klären könnten? Warum?/ Warum nicht?

Im Anschluss können noch folgende Transferfragen diskutiert werden:
- Welche Rolle kommt solchen Programmen angesichts des Globalen Klimawandels zu?
- Was kann die Welt tun, um Emissionen einzusparen?
- Was können Unternehmen tun?
- Was können Regierungen tun?
- Was können wir selber tun, um Emissionen zu mindern?

Variante: *Wenn mehr Zeit zur Verfügung steht, kann jede Gruppe auch als Auftrag erhalten, eine Werbe- und Informationskampagne zu Socio Bosque zu erstellen. Fotos hierfür finden sich auch im Zusatzmaterial.*

Die benötigten Medien befinden sich im Zusatzmaterial.

Foto: Marco Guerrero

VON KRISTINA DIETZ & SEBASTIAN RÖTTERS

WOHER KOMMT DER STROM?
NORD-SÜD-INTERDEPENDENZEN IM BEREICH ENERGIE

Das Kapitel ›Woher kommt der Strom?‹ thematisiert globale Abhängigkeitsverhältnisse im Bereich Energieversorgung. Am Beispiel des Rohstoffes Steinkohle werden Nord-Süd-Dimensionen der Stromerzeugung behandelt. Die Schüler_innen setzen sich mit der Stromerzeugung in Deutschland und der Energiewende auseinander, sie lernen wichtige Rohstoffe der Energieerzeugung sowie zentrale Akteure der Energiewirtschaft kennen. Darüber hinaus beschäftigen sie sich mit sozialen und ökologischen Folgen des Kohlebergbaus. Das Kapitel eignet sich für eine Kombination mit den Kapiteln ›Kohle aus Kolumbien als globale Energieressource‹ und ›Protest im Rheinischen Braunkohlerevier‹. Die drei Unterrichtseinheiten verdeutlichen komplementär die Zusammenhänge zwischen der hohen globalen Nachfrage nach fossilen Energieressourcen, Klimawandel, nationalen Zielen der Energiesicherheit, wirtschaftlichen Interessen und komplexen lokalen Auseinandersetzungen um Kohleförderung.

Unterrichtsphase	Wesentliche Aspekte des Interaktionsgeschehens	Sozialform	Medien	Didaktische Begründung
Einstieg (15 Min.)	Folgende Einstiegsfragen können auf Grundlage der Fotos und Grafiken zum Thema Energiewende diskutiert werden. • Kennen Sie den Begriff Energiewende? • Was wissen Sie darüber? • Was glauben Sie sind die Gründe für die Energiewende in Deutschland? Was sagen Ihnen die Bilder, Grafiken und Piktogramme hierzu?	Unterrichtsgespräch *Im Zusatzmaterial befinden sich Bildbeschreibungen zur Energiewende. Diese sollten erst nach dem Unterrichtsgespräch aufgedeckt werden.*	ausgedruckte Fotos oder Beamer	Bilder und Kurzinformationen zur Energiewende in Deutschland sollen SuS an das Thema Energieversorgung heranführen.

Die Klasse wird für die Erarbeitungsphase 1 A & B aufgeteilt. Die unterschiedlichen Arbeitsergebnisse stellen sich die SuS danach gegenseitig vor.

Unterrichtsphase	Wesentliche Aspekte des Interaktionsgeschehens	Sozialform	Medien	Didaktische Begründung
Erarbeitungsphase 1A (15 Min. parallel zu B)	**Gruppe A: Der deutsche Strommix** Die Grafiken zur Struktur der Stromerzeugung und Erneuerbaren Energien in Deutschland liegen den SuS vor. Die folgenden Fragen sollen eigenständig in einer Partnerarbeitsphase beantworten und die Ergebnisse in Stichworten festgehalten werden: • Aus welchen Energiequellen wird in Deutschland Strom produziert? • Welcher Rohstoff liefert derzeit am meisten Strom? • Wie hoch ist der Anteil Erneuerbarer Energien am deutschen Strommix? • Was bedeutet ›erneuerbare‹ und was ›konventionelle‹ Energieträger und worin liegt der zentrale Unterschied? • Wie hoch ist der Anteil Erneuerbarer Energien?	Partnerarbeit	Arbeitsblatt mit Grafik ›Struktur der Stromerzeugung in Deutschland‹ und Fragen	Durch die Arbeit mit der Grafik sollen die SuS sich eigenständig mit der aktuellen Struktur der Stromerzeugung in Deutschland vertraut machen.

Erarbeitungsphase 1B (15 Min. parallel zu A)	**Gruppe B: Rohstoffimporte für die Stromgewinnung** Grafik ›Steinkohleimporte nach Deutschland‹ liegt den SuS vor. Die folgenden Fragen sollen eigenständig in einer Partnerarbeitsphase beantworten und ihre Ergebnisse in Stichworten festhalten werden. • Wie hoch ist der Anteil der Steinkohle an der deutschen Stromproduktion? • Aus welchen Ländern stammt die Steinkohle für Deutschland? • Wie viele Tonnen Steinkohle wurden 2011 nach Deutschland importiert?	Partnerarbeit	Arbeitsblatt mit Grafik ›Woher kommt die Steinkohle für Deutschland‹, Hintergrundtext und Fragen	Durch die Arbeit mit der Grafik und dem Text sollen sich die SuS eigenständig mit den Importstrukturen von Steinkohle nach Deutschland vertraut machen.
Sicherung 1A und B (15 Min.)	Die Ergebnisse werden von je einer Kleingruppe der Gruppen A und B in einem Kurzvortrag vor der ganzen Gruppe vorgetragen. Die anderen Gruppen können bei Bedarf ergänzen.	Kurzvorträge/ Unterrichtsgespräch	In den Gruppen erstellte Materialien	Die SuS informieren sich gegenseitig über ihre Arbeitsergebnisse
Reflexion und Handlungsoption (45 Min.)	**Nord-Süd-Interdependenzen: das Bsp. Steinkohle** Die SUS sehen gemeinsam die Dokumentation ›Das schmutzige Geschäft mit der Kohle‹ an. 3sat Dokumentation aus dem Jahr 2014. (30 Min.) Während des Films machen sich die SuS in Einzelarbeit Notizen zu folgenden Fragen: • Aus welchen Ländern kommt die Steinkohle für deutsche Kraftwerke? • Welche Umweltfolgen ergeben sich beim Abbau von Steinkohle in den Abbauregionen? • Welche Folgen ergeben sich für die Menschen in den Abbauregionen? • Welche deutschen Energieunternehmen importieren Steinkohle aus anderen Ländern? Nach dem Film diskutieren die SuS in Kleingruppen die Fragen und weitere Dinge, die ihnen im Film aufgefallen sind (15 Min.). Hierzu können sie auch den Hintergrundtext verwenden. Ihre Ergebnisse halten sie für die folgende Präsentation auf Karte fest.	Gemeinsames Sehen der Dokumentation, Einzelarbeit und Partnerarbeit *Hinweis: Erarbeitungsphase 2 knüpft an Erarbeitungsphase 1 an, kann aber auch unabhängig von 1 umgesetzt werden*	Dokumentation ›Böse Mine – Gutes Geld‹, Beamer, Lautsprecher, 1 Arbeitsblatt mit Hintergrundinformationen zum Film, 1 Arbeitsblatt mit Fragen zum Film Verfügbar unter Url: www.3sat.de/ mediathek/?mode =play&obj=45261 (bis zum 23.08.2019)	Die SuS setzen sich mit verschiedenen Handlungsmöglichkeiten, die sich aktuell gegen den Kohleabbau im Rheinischen Braunkohlerevier richten, auseinander. Dabei sollen sie ein eigenes fundiertes Urteil über Handlungs- und Mitgestaltungsmöglichkeiten innerhalb des vorliegenden Konflikts entwickeln.
Sicherung 2 (15 Min.)	Die Kleingruppen präsentieren nacheinander ihre Ergebnisse im Plenum	Kurzvorträge/ Unterrichtsgespräch	Tafel, Flipchart oder Stellwand	
Reflexion (15 Min.)	**Abschließende Diskussion im Plenum:** • Was sagt uns der Film über die Nord-Süd-Beziehungen im Bereich Energie? • Was glauben Sie warum Kohle (wieder) so wichtig ist für die Stromproduktion in Deutschland? • Welche Konflikte und Probleme ruft der Kohleabbau andernorts hervor? • Gibt es solche Konflikte in Deutschland auch und was lässt sich tun?	Unterrichtsgespräch *Hinweis: Diese Reflexionsfragen eignen sich auch zur Überleitung zu Kapitel Nr. 9. ›Protest im Rheinischen Braunkohlerevier‹‹*		Die SuS sollen sich mit der Bedeutung von Stromgewinnung aus Kohle aus einer Nord-Süd-Perspektive auseinandersetzen. Sie sollen reflektieren, was ein erhöhter Einsatz von Kohle für Mensch und Umwelt in den Abbauregionen bedeutet und gleichzeitig überlegen, welche Folgen für Mensch und Umwelt die Gewinnung von Strom aus Kohle in Deutschland hat.

7.1.

Energiewende in Deutschland

In Deutschland wurde 2011 die sogenannte ›Energiewende‹ vom Bundestag beschlossen. Hinter diesem Begriff verbirgt sich das Ziel einer fundamentalen Wende in der Energieversorgung: Das bisherige Energiesystem, das vorwiegend auf Atomenergie, Kohle, Öl und Gas beruht, soll abgelöst werden von einer neuen Energieversorgung auf Basis Erneuerbarer Energien (EE) – Windkraft, Sonnenenergie, Biomasse und Erdwärme.

Betrachten Sie die beigefügten Materialien und beantworten Sie auf dieser Grundlage die folgenden Fragen:
- Kennen Sie den Begriff Energiewende? Was wissen Sie darüber?
- Was glauben Sie sind die Gründe für die Energiewende in Deutschland?
- Was sagen die Bilder, Grafiken und Piktogramme hierzu aus?

Hinweis
Weitere Bildpaare finden sich im Zusatzmaterial.

Die benötigten Medien befinden sich im Zusatzmaterial.

Quelle
www.ipcc.ch/report/
graphics/images/
Assessment%20
Reports/AR5%20-%20
WG1/Chapter%2002/
Fig2-21.jpg
(Zugriff: 26.10.2015)

Beispielbildpaar 1: Kohlekraftwerk und Klimawandel

Quelle
http://commons.
wikimedia.org/wiki/
File:Nuclear_plants_
Japan_in_2
011.svg by Roulex_45;
(Zugriff: 10.12.15)

Beispielbildpaar 2: Fukushima, Atomenergie

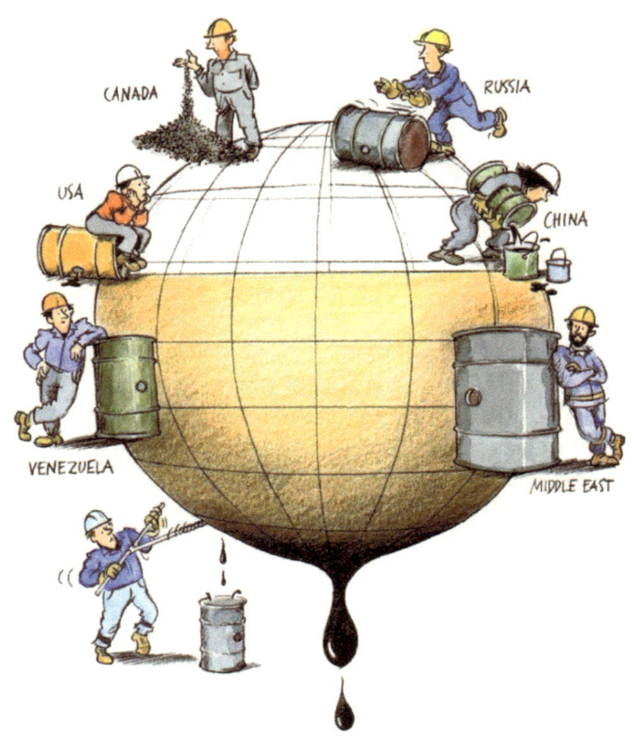

Quelle
https://aleklett.
files.wordpress.
com/2013/06/peekning-
at-peak-oil-00-cover.jpg
(Zugriff: 27.11.15)

Bild 3: Endlichkeit fossiler Energieträger: Kohle, Öl, Gas

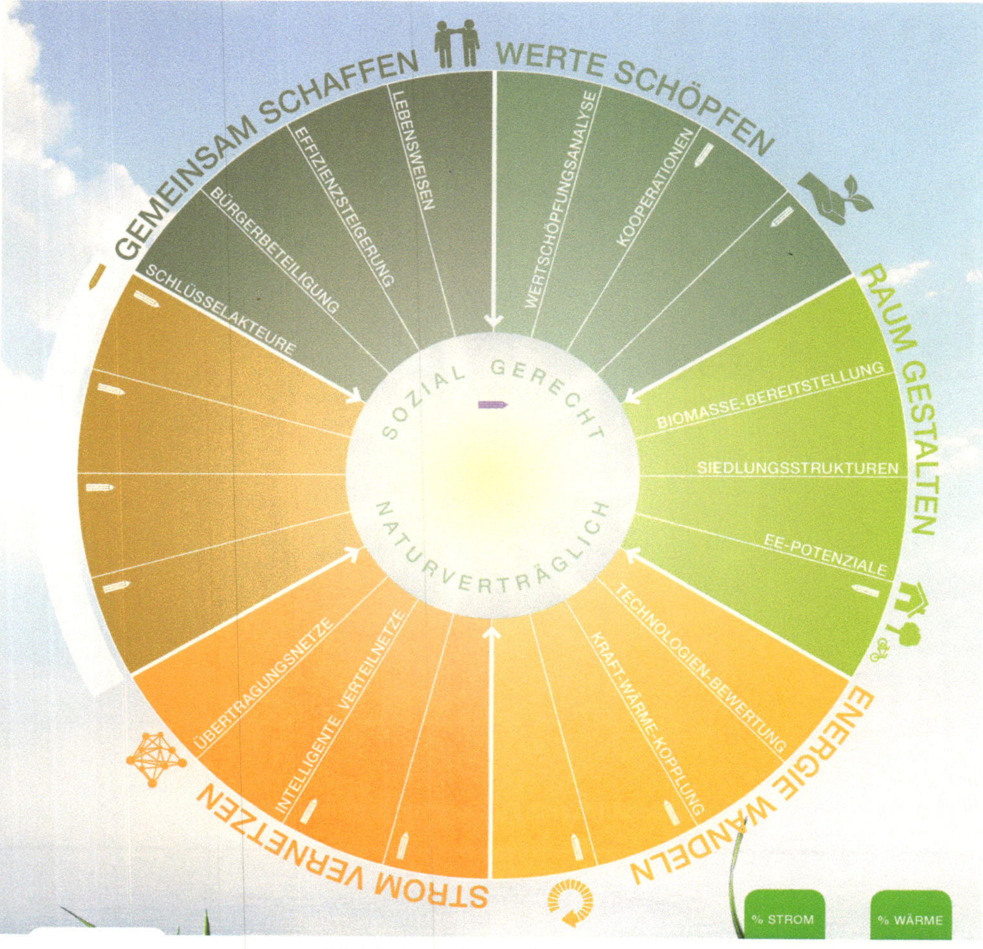

Bild 4 : Energiewende gestalten

7.2.

Struktur der Stromerzeugung und Rohstoffimporte

Bilden Sie Zweiergruppen.

Gruppe A: Struktur der Energieerzeugung (Material: Grafik 1, Grafik 2)
- Aus welchen Energiequellen wird in Deutschland Strom produziert?
- Welcher Rohstoff liefert derzeit am meisten Strom?
- Was bedeutet ›erneuerbare‹ und was ›konventionelle‹ Energieträger und worin liegt der zentrale Unterschied?
- Wie hoch ist der Anteil Erneuerbarer Energien am Strommix heute, und wie sehen die Prognosen aus?

Wirtschaft und Gesellschaft sind auf Energie angewiesen, um funktionieren zu können – dabei ist Strom der Edelenergieträger: Ohne Strom kommen Kommunikationstechnologien, Haushaltsgeräte, Beleuchtung und die meisten Motoren und Produktionsanlagen in der Industrie nicht aus. Der Stromerzeugung kommt bei dem anstehenden Umbau des Energieversorgungssystems also eine taktgebende Rolle zu. Um die Energiewende- und Klimaschutzziele zu erreichen, ist eine Umstellung der Stromerzeugung auf Erneuerbare Energien (EE) elementar. Gleichzeitig wird es aber für einen Übergangszeitraum ein Nebeneinander von Erneuerbaren Energien und konventionellen Kraftwerken (Kohle, Gas, Öl, Atomenergie bis 2022) geben.

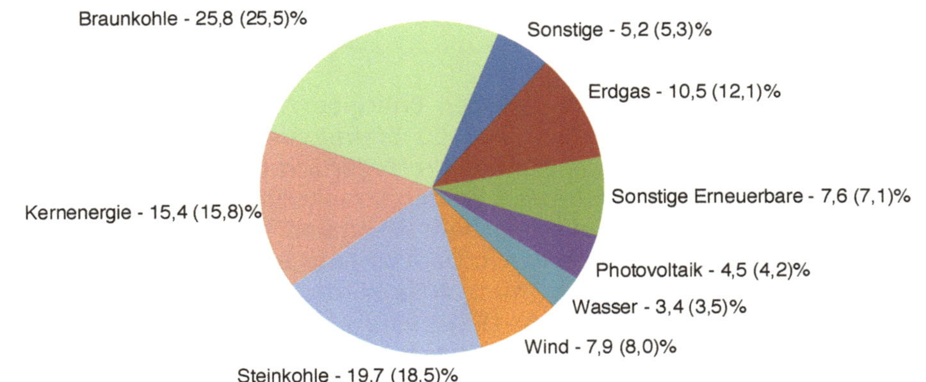

Quelle
Eigene Darstellung auf
Grundlage der Daten der
AG Energiebilanzen e.V.

**Grafik 1: Struktur der Stromerzeugung in Deutschland 2013.
Anteile in Prozent (Vorjahr in Klammern)**

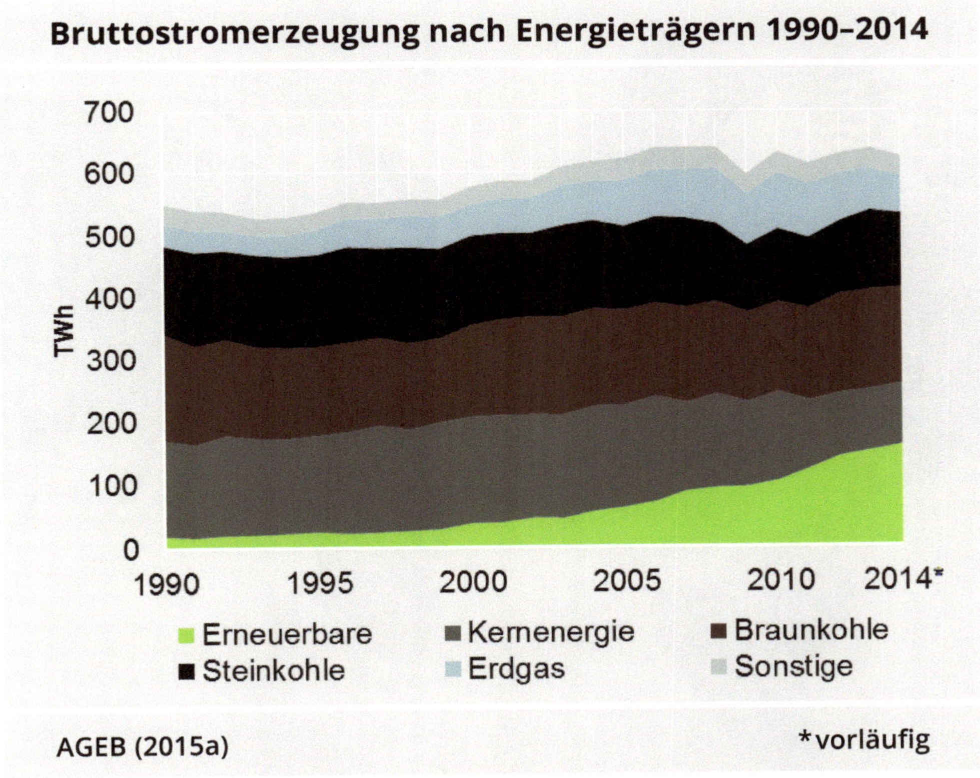

Quelle
Agora Energiewende.
Die Energiewende im
Stromsektor. Stand
der Dinge, Trends und
Herausforderungen
(letzte Aktualisierung
14.01.2015)

Grafik 2: Stromerzeugung aus erneuerbaren Energien.

**Gruppe B: Woher kommt die Steinkohle für Deutschland?
Rohstoffimporte (Bsp. Steinkohle) für die Stromgewinnung (Material:
Grafik 1, Grafik 3)**
- Wie hoch ist der Anteil der Steinkohle an der deutschen Strom-
  produktion?
- Aus welchen Ländern stammt die Steinkohle für Deutschland?
- Wie viel Tonnen Steinkohle wurden 2011 nach Deutschland importiert?

· ·

Hintergrundtext

· ·

Derzeit betreiben die großen Energieerzeuger E.ON, STEAG, RWE, EnBW und Vattenfall über 60 Steinkohlekraftwerke in Deutschland. Allerdings soll die Steinkohleförderung in Deutschland 2018 auslaufen und die letzten beiden Steinkohlezechen Prosper-Haniel und Ibbenbüren in Nordrhein-Westfalen schließen. Schon heute werden nahezu 80 % der in Deutschland zu Strom umgewandelten Steinkohle importiert. Nach 2018 wird dieser Anteil auf 100 % steigen. 2013 wurden über 19 % des bundesdeutschen Stroms durch die Verbrennung von Steinkohle produziert. Damit ist der Anteil der Steinkohle am Strommix in Deutschland im Vergleich zu den Jahren zuvor wieder angestiegen. Doch woher kommt eigentlich der Brennstoff für Deutschlands Steinkohlekraftwerke? 2011 wurden 33,65 Mio. Tonnen Kraftwerkskohle nach Deutschland importiert. Würde man die ganze Kohle in einen einzigen Güterzug laden, würde dieser von der Westgrenze Russlands bis zum Pazifischen Ozean reichen.

Grafik 3: Herkunft der deutschen Steinkohleimporte (2011)

Nord-Süd-Interdependenzen: das Beispiel Steinkohle

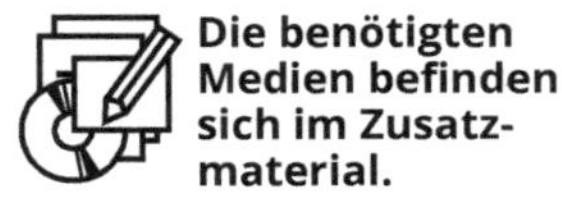

Die benötigten Medien befinden sich im Zusatzmaterial.

Schauen Sie sich den Film ›Das schmutzige Geschäft mit der Kohle‹, 3sat Dokumentation aus dem Jahr 2014 an. (Dauer: knapp 30 Min.) Machen Sie sich während des Films Notizen zu folgenden Fragen:

1. Aus welchen Ländern kommt die Steinkohle für deutsche Kraftwerke?
2. Welche Umweltfolgen ergeben sich beim Abbau von Steinkohle in den Abbauregionen?
3. Welche Folgen ergeben sich für die Menschen in den Abbauregionen?
4. Welche Gefahren kann Gewerkschaftsarbeit im Kohlesektor haben?
5. Welche deutschen Energieunternehmen importieren Steinkohle aus anderen Ländern?

Diskutieren Sie in Zweierteams was Ihnen zu den oben stehenden Fragen aufgefallen ist. Dazu können Sie auch die Hintergrundinformationen zum Film hinzuziehen.

Diskutieren Sie anschließend auf Grundlage der folgenden Leitfragen über Ihre Eindrücke zum Film.

- Was sagt uns der Film über die Nord-Süd-Beziehungen im Bereich Energie?
- Was glauben Sie warum Kohle (wieder) so wichtig ist für die Stromproduktion in Deutschland? Welche Konflikte und Probleme ruft der Kohleabbau andernorts hervor?
- Gibt es solche Konflikte in Deutschland auch und was lässt sich tun?

VON KRISTINA DIETZ & SEBASTIAN RÖTTERS

KOHLE AUS KOLUMBIEN ALS GLOBALE ENERGIERESSOURCE

Im Kapitel ›Kohle aus Kolumbien als globale Energieressource‹ werden soziale und ökologische Aspekte der Kohleförderung in Kolumbien thematisiert und in eine Beziehung zur globalen Energieversorgung gesetzt. Die Schüler_innen setzen sich mit dem Kohlebergbau in Kolumbien unter Berücksichtigung von Nord-Süd-Interdependenzen auseinander. Sie lernen dabei wichtige internationale Akteure der kolumbianischen Kohlewirtschaft kennen und erlangen Kenntnisse über die Fördermengen sowie die Zielländer der Kohlexporte aus Kolumbien. Die Einheit bietet sich zu einer Verknüpfung mit den Einheiten ›Woher kommt der Strom?‹ und ›Protest im Rheinischen Braunkohlerevier‹ an.

Unterrichtsphase	Wesentliche Aspekte des Interaktionsgeschehens	Sozialform	Medien	Didaktische Begründung
Einstieg (15 Min.)	Der Google Earth Flug ›Vom Kraftwerk zur Mine‹, die Bilder und die jeweiligen kurzen Bildtexte dienen als Einstieg in das Thema ›Kohle aus Kolumbien als globale Energieressource‹. Die SuS erhalten als Vorlage die Bilder aus dem Zusatzmaterial als Kopie. *Alternativ können die Bilder per Beamer an die Wand geworfen werden.* Statt mit dem Google Earth Flug kann auch nur mit den Bildern und einer Weltkarte/einem Globus gearbeitet werden. Folgende Fragen können zum Einstieg gestellt werden: • Was schätzen Sie, wie viel Kohle braucht ein Kraftwerk wie Hamburg-Moorburg am Tag? • Woher kommt die Kohle für deutsche Steinkohlekraftwerke? • Warum ist die Verbrennung von Kohle zur Stromgewinnung ein Problem für die Umwelt? • Wo liegt Kolumbien? In welchen Regionen in Kolumbien wird Kohle gefördert? *Hinweis: Der Google Earth Flug als Film ›Vom Kraftwerk zur Mine.kmz‹ im Zusatzmaterial (lässt sich bei Google-Earth abspielen.) Das Erlernte aus der Einheit ›Woher kommt der Strom? Nord-Süd Interdependenzen im Bereich Energie‹ kann an dieser Stelle noch einmal rekapituliert werden.*	Unterrichtsgespräch	Computer, Google Earth, Beamer, ausgedruckte Fotos	Google Earth Flug, Bilder und Kurzinformationen sollen SuS an das Thema Kohle aus Kolumbien heranführen.
Erarbeitungsphase 1 (20 Min.)	**Der Text ›Kohlebergbau in Kolumbien: Struktur und Charakteristika‹** liegt den SuS ausgedruckt vor. Die folgenden Fragen sollen die SuS eigenständig in einer Partnerarbeitsphase beantworten und ihre Ergebnisse in Stichworten festhalten:	Partnerarbeit	Arbeitsblatt mit Text ›Kohlebergbau in Kolumbien: Struktur und Charakteristika‹ und Fragen	Durch die konkrete Arbeit mit dem Text sollen die SuS sich eigenständig mit der Struktur und den charakteristischen Merkmalen des kolumbianischen Kohlesektors vertraut machen.

- Wohin wird kolumbianische Kohle exportiert?
- Welches sind die wichtigsten Firmen im kolumbianischen Kohlesektor? Woher kommen sie?
- Wie viel Kohle wird in Kolumbien gefördert? Was hat Deutschland damit zu tun?
- Welche Energieversorgungsunternehmen in Deutschland importieren Kohle aus Kolumbien?
- Welche Folgen hat der Kohleabbau in Kolumbien?

Sicherung 1 (10 Min.)	Die Ergebnisse werden von einer Kleingruppe vor der ganzen Gruppe vorgetragen. *Alternativ: Jede Frage wird von einer anderen Kleingruppe im Plenum beantwortet.* Die anderen Gruppen können bei Bedarf ergänzen.	Kurzvorträge/ Unterrichtsgespräch		
Erarbeitungsphase 2 (45–90 Min.)	**Gruppenarbeit zu sozialen und ökologischen Folgen des Kohlebergbaus in Kolumbien** Die SuS teilen sich in vier Arbeitsgruppen zu max. fünf Personen auf. Bei mehr Personen kann auch eine AG doppelt stattfinden. Jede AG erhält Text- (und Bildmaterial) sowie Fragen zu einem zentralen Konflikt-/ Problemfeld des kolumbianischen Kohlebergbaus. Die Ergebnisse werden auf einem Plakat/Poster festgehalten. **AG 1:** Menschenrechte **AG 2:** Gesundheitliche Folgen und Lebensgrundlagen **AG 3:** Vertreibung und ihrer Missachtung der Rechte indigener Bevölkerungsgruppen **AG 4:** Transport: Kohlezüge und ihre gefährlichen Fahrten	Partnerarbeit (AG-Arbeit)	Text- und Bildmaterial, AG 4: Computer zum Video abspielen	Die SuS setzen sich mit verschiedenen Folgen des Kohlebergbaus in Kolumbien auseinander. Dabei sollen sie ein eigenes fundiertes Urteil über die Folgen großräumiger und exportorientierter Kohleförderung entwickeln.
Sicherung 2	Die Plakate aus der Gruppenarbeitsphase werden im Klassenraum aufgehängt. Die SuS gehen in kleinen Gruppen durch die ›Plakatausstellung‹. Anschließend erläutert jede AG dem Plenum das jeweilige Thema und stellt die eigenen Ergebnisse vor. Rückfragen aus der Gruppe sind ausdrücklich erwünscht.	Kurzvorträge und Unterrichtsgespräch	Plakate oder Stellwände	
Reflexion (15 Min.)	Abschließende Diskussion im Plenum: soziale und ökologische Folgen des Kohlebergbaus in Kolumbien • Welche Konflikte gibt es? • Sind diese mit Konflikten und Problemen im deutschen Kohlebergbau vergleichbar? • Wie müsste nachhaltiges Handeln im Bereich Energie aussehen, um solche Konflikte zu vermeiden?	Unterrichtsgespräch		Die SuS setzen sich mit den Folgen des Kohlebergbaus in Kolumbien aus einer Nord-Süd-Perspektive auseinander. Sie reflektieren, was ein erhöhter Einsatz von Kohle für Mensch und Umwelt in den Abbauregionen bedeutet und wie eine nachhaltige Energiegewinnung aussehen kann.

8.1.

Vom Kraftwerk zur Mine – ein Google Earth Flug

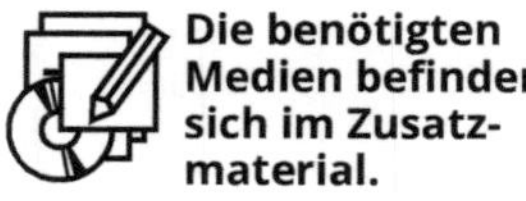

Die benötigten Medien befinden sich im Zusatzmaterial.

In Deutschland werden über 60 Steinkohlekraftwerke von großen Energieerzeugern wie E.ON, RWE, EnBW und Vattenfall betrieben. 2013 wurden über 19 % des bundesdeutschen Stroms durch die Verbrennung von Steinkohle produziert. Die Tendenz ist steigend. Am 28. Februar 2015 hat der erste Block eines neuen Steinkohlekraftwerks in Hamburg-Moorburg unter großem Protest seinen Betrieb aufgenommen. Betrieben wird das Kraftwerk vom schwedischen Konzern Vattenfall. Doch woher kommt der Brennstoff für deutsche Steinkohlekraftwerke? Laut Angaben des Bundesamts für Wirtschaft und Ausfuhrkontrolle wird über 75 % *unserer* Steinkohle aus dem Ausland importiert. Wenn 2018 die staatliche Subventionierung des heimischen Kohlebergbaus in der Bundesrepublik ausläuft, steigt dieser Anteil auf 100 %.

Die wichtigsten Lieferländer für deutsche Kraftwerkskohle sind Kolumbien, Russland, Südafrika und die USA. Doch woher kommt die Kohle in Kolumbien und wie gelangt sie nach Deutschland? Um dieser Frage nachzugehen, begeben wir uns auf einen Flug vom Kraftwerk in Deutschland zu den Kohleminen in Kolumbien mit Google Earth: Kolumbien befindet sich im äußersten Nordosten Südamerikas. Seit Mitte der 1980er Jahre wird vor allem im Norden des Landes in den Provinzen ›Cesar‹ und ›La Guajira‹ in mehreren offenen Tagebergwerken Kohle gefördert.

Beantworten Sie auf Grundlage des Google Earth Flugs ›Vom Kraftwerk zur Mine‹ sowie des Einleitungstextes die folgenden Fragen.
1. Was schätzen Sie, wie viel Kohle braucht ein Kraftwerk wie Hamburg-Moorburg am Tag?
2. Woher kommt die Kohle für deutsche Steinkohlekraftwerke?
3. Warum ist die Verbrennung von Kohle zur Stromgewinnung ein Problem für die Umwelt?
4. Wo liegt Kolumbien? In welchen Regionen in Kolumbien wird Kohle gefördert?

Die benötigten Medien befinden sich im Zusatzmaterial.

8.2.

Struktur der Kohleförderung in Kolumbien

Lesen Sie den Text ›Kohlebergbau in Kolumbien: Struktur und Charakteristika‹ aufmerksam durch und beantworten Sie in Partnerarbeit die folgenden Fragen. Halten Sie ihre Antworten bitte kurz in Stichworten fest. Die Ergebnisse sollen abschließend von einer Kleingruppe vorgetragen und verglichen werden.
- Wohin wird kolumbianische Kohle exportiert?
- Welches sind die wichtigsten Firmen im kolumbianischen Kohlesektor? Woher kommen sie?
- Wie viel Kohle wird in Kolumbien gefördert? Was hat Deutschland damit zu tun?
- Welche Energieversorgungsunternehmen in Deutschland importieren Kohle aus Kolumbien?
- Welche Folgen hat der Kohleabbau vor Ort in Kolumbien?

Kohlebergbau in Kolumbien:
Struktur und Charakteristika

Kolumbien hat sich in den letzten Jahren zum viertgrößten Exporteur von Kraftwerkskohle weltweit entwickelt. Deutschland hat an dieser Entwicklung maßgeblichen Anteil. Lagen die Kohleeinfuhren aus Kolumbien 2005 noch bei 3 Millionen Tonnen, erreichten sie 2011 mit über 10 Millionen Tonnen Rekordwerte.

Kolumbien ist dabei in mehrfacher Hinsicht ein besonderer Fall. Kein anderer Kohlelieferant weist eine derart hohe Exportabhängigkeit auf wie das südamerikanische Land. 95 % der geförderten Kohle wird exportiert, wobei 2011 und 2012 jeweils zwischen 60 und 75 % der Kohle in Europa landete. Es handelt sich hier fast ausnahmslos um Kraftwerkskohle. Der Hauptanteil der Exporte kam 2012 aus der Provinz La Guajira, aus dem Cerrejón Tagebau, gefolgt von Kohle aus der benachbarten Provinz Cesar, wo die Unternehmen Drummond und Prodeco mehrere Tagebaue betreiben.

Bergbau in ausländischer Hand

Während in den anderen Lieferländern einheimische Konzerne zumindest teilweise eine wichtige Rolle spielen, wird der kolumbianische Kohlesektor von wenigen internationalen Konzernen kontrolliert. Die drei größten Produzenten sind Cerrejón, Drummond und Prodeco; sie sind für 87 % der Kohleexporte verantwortlich. Die Anteilseigner von Cerrejón sind zu gleichen Teilen Anglo American, BHP Billiton und Glencore/Xstrata. Drummond ist ein familiengeführtes US-Unternehmen. Prodeco befindet sich ebenfalls im Besitz der Schweizer Firma Glencore/Xstrata. Colombian Natural Ressources, die Nummer vier in der Rangliste, gehört der US-Bank Goldman Sachs.

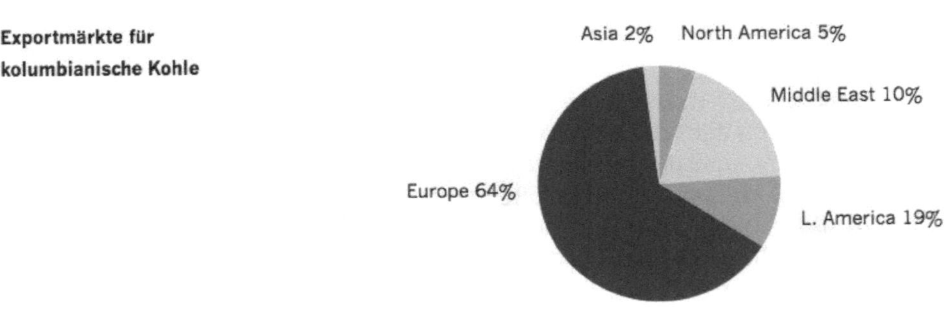

Quelle
Ganswindt et al. 2013:
Bittercoal, S. 12

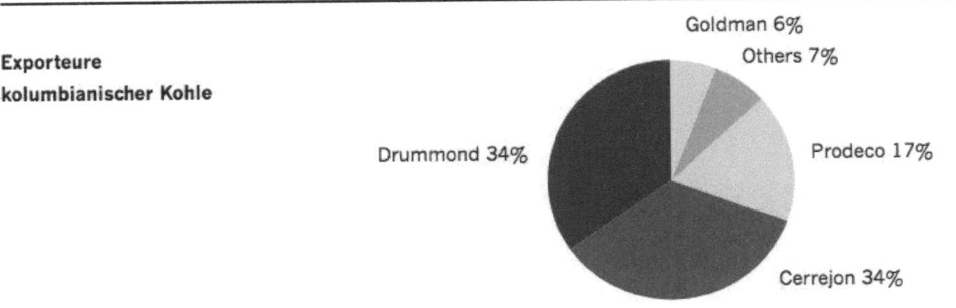

Grafik 1: Exportstatistik (Dezember 2012)

Bergbauboom mit Folgen

Die kolumbianische Regierung hat den Bergbau zur ›Entwicklungs-lokomotive‹ des Landes erklärt. Die Produktion von Kohle hat sich innerhalb kürzester Zeit verdoppelt. Im Jahr 2000 wurden knapp 40 Mio. Tonnen Kohle gefördert, 2012 waren es bereits 89 Mio. Tonnen. Doch die unkontrollierte Konzessionsvergabe und die halbherzige Aufsicht durch staatliche Institutionen haben die Kohleabbauregionen an den Rand des Kollapses gebracht. Die Regierung sah sich deshalb genötigt, die Notbremse zu ziehen. Sie vergibt derzeit keine neuen Konzessionen, weil schon die bestehenden Verträge zu chaotischen Zuständen geführt haben. Gleichzeitig ist von der erhofften Entwicklung nichts zu sehen. Die Gebiete, in denen zum Teil seit 30 Jahren Kohle gefördert und exportiert wird, gehören unverändert zu den Armenhäusern des Landes. Während die Milliardengewinne ins Ausland fließen, bleiben für die Menschen vor Ort Mondlandschaften, ausgetrocknete Flüsse und zerstörte Lebensgrundlagen zurück.

Kolumbiens wichtigster Kohleproduzent ist das Unternehmen Cerrejón. In dem nach eigenen Angaben größten Kohletagebau der Welt baut Cerrejón aktuell über 30 Millionen Tonnen Kohle pro Jahr ab. Deutsche Stromkonzerne wie RWE, E.ON, EnBW und STEAG zählen zu den Kunden des Unternehmens. Auch Vattenfall verwendet große Mengen kolumbianischer Kohle in den Kohlekraftwerken in Deutschland, den Niederlanden und Dänemark.

Vor Ort liegen die gigantischen Tagebaue von Cerrejón wie klaffende Wunden in einer Landschaft, die ursprünglich von afrokolumbianischen und indigenen Gemeinschaften bewohnt wurde. Im Verlauf der letzten 30 Jahre mussten zahlreiche Gemeinden der Mine weichen, ohne angemessen umgesiedelt und entschädigt zu werden. Am schlimmsten traf es die Bewohner_innen der Gemeinde Tabaco. Sie wurden im Jahr 2001 gewaltsam vertrieben. Heute liegt der alte Ortskern unter einer Abraumhalde begraben, während die ehemaligen Bewohner_innen noch immer darauf warten, dass die Gemeinde an einem anderen Ort ein neues Zuhause erhält.

Bergbauboom und bewaffneter Konflikt

In Kolumbien herrscht seit fast 50 Jahren ein Bürgerkrieg, in dem bereits Zehntausende gestorben sind und mehrere Millionen Menschen von ihrem Land vertrieben wurden. Auch die beiden wichtigen Kohleabbauregionen La Guajira und Cesar wurden über viele Jahre von sogenannten paramilitärischen[1] Gruppen beherrscht. Genau in diese Zeit fiel die massive Ausweitung des Kohleabbaus dort. Zwar ist die Lage nach der offiziellen Auflösung dieser Gruppen im Jahr 2006 weniger angespannt, aber noch immer haben viele Menschen Angst, sich kritisch zu äußern, weil sie Repressionen befürchten. Anfang April 2013 drohte eine neue paramilitärische Einheit mit dem Namen ›Rastrojos‹ (Stoppelfelder) den Kohlearbeiter-Gewerkschaften ›Sintracarbon‹ und ›Sintramienergetica‹, mehreren Menschenrechtsorganisationen sowie namentlich genannten Mitgliedern der beiden Gewerkschaften damit, dass man sie an irgendeinem Ort in Kolumbien umbringen würde

Text: Kristina Dietz & Sebastian Rötters

[1] Als Paramilitär bezeichnet man semi-staatliche, bewaffnete Gruppen. Oft handelt es sich dabei um ehemalige Soldaten und Sicherheitskräfte, die eigenständig handeln. Sie werden meistens von skrupellosen Großgrundbesitzer_innen oder Unternehmer_innen bezahlt.

Quellen:

Der Text ist eine gekürzte und leicht aktualisierte Version des ›Kap. 4.1 Kolumbien‹ aus: Ganswindt, Katrin; Rötters, Sebastian; Schücking, Heffa (2013): Bittercoal. Eine Studie über Deutschlands Kohleimporte. Sassenberg: urgewald, FIAN., S. 12-15, http://fianv2.kohleimporte.de/uploads/media/bittercoal.pdf.

Ergänzungen stammen aus: VDKi (2013): Jahresbericht 2013. Fakten und Trends 2012/2013. Hamburg: Verein der Kohleimporteure; und aus Moor, Marianne; van de Sandt, Joris (2014): The Dark Side of Coal. Paramilitary Violence in the Mining Region of Cesar, Colombia. Utrecht: PAX, The Netherlands.

8.3.

··

Soziale und ökologische Folgen des Kohlebergbaus in Kolumbien

··   ··················

In dieser Gruppenarbeit sollen Sie sich mit verschiedenen Folgen des Kohlebergbaus in Kolumbien auseinandersetzen und sich ein eigenes Urteil über die Folgen großräumiger und exportorientierter Kohleförderung bilden.

Die benötigten Medien befinden sich im Zusatzmaterial.

Jede AG erhält Text- (und Bild-) material sowie Fragen zu einem zentralen Konflikt-/Problemfeld des kolumbianischen Kohlebergbaus. In den AGs können Diskussionen über die jeweiligen Themen stattfinden. Die Ergebnisse sollen auf einem Plakat/Poster in Form von Stichpunkten oder Illustrationen festgehalten werden. Die Plakate werden später im Klassenzimmer aufgehängt. Jede AG erläutert dem Plenum im Rahmen eines gemeinsamen ›Ausstellungsrundgangs‹ das jeweilige Thema und stellt die eigenen Ergebnisse vor.

Arbeitsauftrag und Frage für AG 1:
Menschenrechte

- Beschreiben Sie den Zusammenhang zwischen Verstößen gegen Menschenrechte und die Ausweitung des Kohlebergbaus in Kolumbien.
- Wie lautet der Vorwurf gegen die Unternehmen Drummond und Prodeco?

Arbeitsauftrag und Frage für AG 2:
Gesundheitliche Folgen, Zerstörung von Lebensgrundlagen

- Beschreiben Sie die Lebenssituation der Bewohner_innen der Gemeinde El Hatillo.
- Unter welchen sozialen und ökologischen Folgen leiden die Bewohner_innen?

Arbeitsauftrag und Frage für AG 3:
Vertreibung und Missachtung der Rechte indigener Bevölkerungsgruppen

- Beschreiben Sie die Situation der Wayúu-Gemeinden in La Guajira seitdem das Unternehmen Cerrejón Kohle in der Region fördert.
- Welche Folgen hätte die Umleitung des Flusses Ranchería für die Gemeinden und wie wehren sie sich dagegen?

Arbeitsauftrag und Frage für AG 4:
Kohlezüge und ihre gefährlichen Fahrten

- Beschreiben Sie anhand des Textes und des Videos wie die Kohle von der Mine zu den Verladehäfen transportiert wird und welche Probleme damit verbunden sind.
- Schauen Sie sich das Video mindestens zweimal an: Wie lange braucht der Zug, um durch den Ort zu fahren? Wie viele Waggons hat der Zug? Und wie oft fährt der Zug durch die Ortschaften?

Foto: Sebastian Rötters

**Foto 1:
Kohlemine Carrejón**

VON NICOLE SCHWABE

PROTEST IM RHEINISCHEN BRAUNKOHLEREVIER

In Deutschland wird ein Großteil des Stroms zur Zeit aus Kohle gewonnen. Während Steinkohle meist aus anderen Ländern importiert wird, wird die Braunkohle in Deutschland abgebaut. Der Abbau sowie die Verstromung von Kohle ziehen ökologische und soziale Konflikte nach sich, die am Beispiel des Rheinischen Braunkohlereviers thematisiert werden sollen. Der Fokus der Einheit liegt auf den vielseitigen Protestformen, die in diesem Kontext bisher entstanden sind. Wie wehren sich Bewohner_innen der Gegend gegen die Zwangsumsiedlung oder die hohe Luftverschmutzung in ihrem Lebensumfeld? Was motiviert Klimaaktivist_innen, die von weit her anreisen, um im Braunkohlerevier ihre Zelte aufzuschlagen? Wie und warum protestieren Menschen dort für einen Kohleausstieg? Und wie mobilisieren sich andere gegen die Energiewende? Die Einheit soll Schüler_innen dazu anregen, sich vertieft mit Handlungsoptionen auseinanderzusetzen und auch abseits von ihren individuellen Handlungsmöglichkeiten Lösungen und Formen des Handelns zu reflektieren.

Welche Lösungen kann es für die Konflikte im Rheinischen Braunkohlerevier geben und was passiert, wenn wir diesen lokalen Konflikt versuchen aus einer nationalen oder globalen Perspektive zu betrachten?

Unterrichtsphase	Wesentliche Aspekte des Interaktionsgeschehens	Sozialform	Medien	Didaktische Begründung
Einstieg (15 Min.)	**Bilder aus dem Rheinischen Braunkohlerevier** Über die Bilder aus dem Rheinischen Braunkohlerevier soll ein Einstieg in das Thema stattfinden. Im Unterrichtsgespräch kann auch auf das Wissen aus anderen Einheiten der Unterrichtsmappe zurückgegriffen werden. Dafür bieten sich insbesondere die Kapitel ›Woher kommt der Strom‹ und ›Kohle aus Kolumbien als globale Energieressource‹ an. *Optional: Puzzleaufgabe: Im Zusatzmaterial befinden sich Bilder und Textteile zum Thema Braunkohle. Die ausgeschnittenen Einzelteile sollen von den SuS jeweils zueinander zugeordnet werden.* Die Bilder und Bildunterschriften liegen den SuS in Kleingruppen ausgedruckt und ausgeschnitten vor. Die Bildunterschriften sollen den jeweiligen Bildern zugeordnet werden.	Unterrichtsgespräch	ausgedruckte Bilder/ Beamer	Bilder und Grafiken zum Tagebau sollen an das Thema Kohleabbau und Energieversorgung heranführen und einen ersten Eindruck zu Konflikten im Rheinischen Braunkohlerevier geben. Die SuS eignen sich bei der Puzzleaufgabe Hintergrundwissen zum Thema Braunkohleabbau und Energieversorgung an.
Erarbeitungsphase 1 (20 Min.)	Eine Karte vom Rheinischen Braunkohlerevier liegt den SuS ausgedruckt vor. In einer Partnerarbeitsphase beantworten sie die im Material genannten Fragen und halten ihre Ergebnisse in Stichworten fest. *Variante: Das Material könnte alternativ auch als Pflichtstation in Erarbeitungsphase 2 behandelt werden.*	Partner_innenarbeit	Arbeitsblatt mit Karte des Rheinischen Braunkohlereviers; alternativ: OHP oder Beamer	Durch die konkrete Arbeit an der Karte sollen die SuS sich eigenständig mit der Situation im Rheinischen Braunkohlerevier vertraut machen.

Sicherung 1 (10 Min.)	Die Ergebnisse werden von einer Kleingruppe in einem Kurzvortrag vorgetragen. Die anderen Gruppen können bei Bedarf ergänzen.	Kurzvorträge/ Unterrichtsgespräch		
Erarbeitungsphase 2 (45–90 Min.)	**Protest im Rheinischen Braunkohlerevier** Die Materialien werden in mehrfacher Ausführung an der Station ausgelegt, sodass die SuS selbstständig daran arbeiten können. Die SuS können in beliebiger Reihenfolge in Zweierteams die Stationen durchlaufen und die Leitfragen diskutieren. Dabei können sich die Teams zeitlich nach ihrem eigenen Rhythmus richten. Entweder bleiben die Zweierteams über die ganze Arbeitsphase gleich bestehen oder die SuS finden sich an jeder Station zu einem neuen Zweierteam zusammen. • Wogegen richten sich die verschiedenen Proteste? Wie begründen die jeweiligen Akteure ihre Positionen? • Wie wird protestiert? • Für wen oder für was sind die verschiedenen Handlungsformen sinnvoll? *Optional: Als zusätzliche Pflichtstation könnte die Karte des Braunkohlereviers aus Erarbeitungsphase 1 eingefügt werden und Erarbeitungsphase 1 damit ersetzt werden.*	Partner_innenarbeit/ Stationenlernen	Text- und Bildmaterialien zu verschiedenen Protestformen	Die SuS setzen sich mit verschiedenen Formen des Protests im Rheinischen Braunkohlerevier auseinander. Dabei sollen sie ein eigenes fundiertes Urteil über Handlungs- und Mitgestaltungsmöglichkeiten innerhalb des vorliegenden Konflikts entwickeln.
Sicherung 2: **+Reflexion**	Sicherung: Die wichtigsten Stichpunkte zu den Handlungsformen werden zusammengetragen. Die SuS ergänzen fehlende Ergebnisse auf ihren Arbeitsblättern. Die Reflexionsfragen können in Partnerarbeit, Kleingruppen oder im Unterrichtsgespräch diskutiert werden. Was haben die jeweiligen Handlungswege gemeinsam? Was unterscheidet sie? (z.B. im Bezug auf Gründe, Motive, Ziele, Formen, Akteure) • Welche Lösungsansätze für die Konflikte im Rheinischen Braunkohlerevier fallen Ihnen ein? • Prüfen Sie Ihre Lösungsansätze auch unter dem Einbezug von Konflikten um Energieversorgung und Rohstoffabbau auf einer globalen Ebene. Versuchen Sie gemeinsam ein Tafelbild zu erstellen, das verschiedene Ebenen des Konfliktes (z.B. politische, soziale, ökologische) oder auch verschiedene räumliche Dimensionen (z.B. die lokale Konfliktebene im Rheinischen Braunkohlerevier; nationale Ebene der Energieversorgung in Deutschland; globale Ebene und Nord-Süd-Interdependenzen in der Energieversorgung) deutlich macht.	Unterrichtsgespräch Partner_innenarbeit/ Kleingruppen/ Unterrichtsgespräch	Tafel oder Beamer	Es soll in der Reflexion der Protestformen darum gehen, die SuS zum Nachdenken über verschiedene Handlungsoptionen anzuregen und dabei eine lokale, nationale wie globale Dimension des Konfliktes mit einzubeziehen.

Bilder zum Tagebau im
Rheinischen Braunkohlerevier

Betrachten Sie die Bilder und diskutieren Sie im Plenum folgende Fragen:
- Was sehen Sie auf den Bildern?
- Welcher Rohstoff wird hier abgebaut?
- Wofür wird dieser Rohstoff benötigt?
- Was wissen Sie schon zum Thema Tagebau?
- Wo liegt das Rheinische Braunkohlerevier?

Quelle Grafik:
http://bundjugend.de/
files/raus-aus-der-
kohle.pdf (06.07.2014).

Fotos: Nicole Schwabe

Karte zum Rheinischen Braunkohlerevier

Betrachten Sie die Karte und beantworten Sie die folgenden Fragen:

- Wo liegt das Rheinische Braunkohlerevier?
- Welche Flächen sind durch den Tagebau abgebaggert worden? Welche Flächen sollen in Zukunft dem Tagebau weichen?
- Welche Dörfer sind von der Abbaggerung betroffen? Welche wurden bereits abgebaggert? Welche sollen demnächst abgebaggert werden?
- Was passiert mit den Siedlungen, die im Abbaugebiet liegen?
- Was passiert mit der Autobahn A4, die durch das zukünftige Abbaugebiet verläuft?
- Wohin transportiert die ›Hambachbahn‹ die abgebaute Kohle?

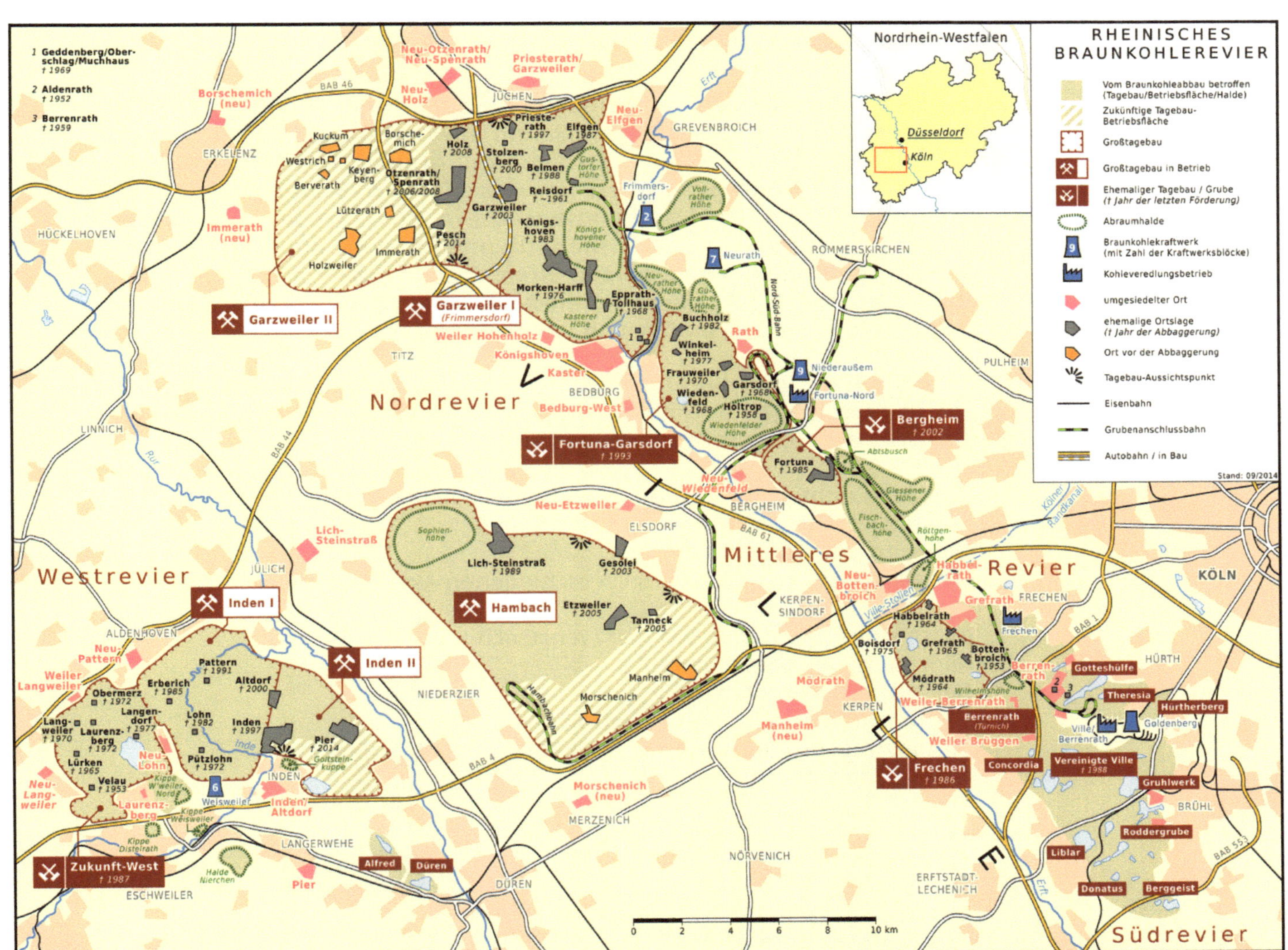

Quelle Karte (Stand 2014):

›Rheinisches Braunkohlerevier DE‹ von Thomas Römer/OpenStreetMap data. Lizenziert unter CC BY-SA 2.0 über Wikimedia Commons -

https://commons.wikimedia.org/wiki/File:Rheinisches_Braunkohlerevier_DE.png#/media/
File:Rheinisches_Braunkohlerevier_DE.png (Zugriff 29.05.2014)

9.3.

Protest im Rheinischen Braunkohlerevier

**Die benötigten
Medien befinden
sich im Zusatz-
material.**

Die Auswirkungen des Kohleabbaus und der Verstromung der Kohle ziehen ökologische wie auch soziale Folgen nach sich. So gibt es viele Menschen, die mit dem Tagebau nicht einverstanden sind und auf unterschiedlichste Arten dagegen protestieren. Auch auf nationaler Ebene wird die Frage, ob nach dem Ausstieg aus der Atomkraft nun auch ein Ausstieg aus der Kohle ansteht, viel diskutiert. Gleichzeitig ist ein Großteil der Arbeitsplätze in der Region vom Kohleabbau abhängig und es gibt viele Menschen, die Angst davor haben, ihre Arbeit zu verlieren, wenn der Kohleabbau reduziert wird. In der folgenden Einheit soll es um verschiedene Formen des Protests im Rheinischen Braunkohlerevier gehen. Dabei soll es vor allem um die Frage gehen, welche Handlungsmöglichkeiten die Bewohner vor Ort haben, welche Wirkung ihr Handeln hat und welche unterschiedlichen Lösungsansätze von den Akteuren diskutiert werden.

Im Klassenraum werden verschiedene Stationen mit Text- und Bildmaterial aufgebaut, an denen es jeweils um eine Form des Protests gehen soll. An den meisten Stationen geht es um Proteste gegen den Kohleabbau. Die Auswahl wurde getroffen, um verschiedene Formen des Protests und damit verschiedene Handlungsansätze im Konfliktfeld Kohle zu thematisieren und auch Protestformen, die medial oder politisch weniger Beachtung gefunden haben, aufzugreifen. Es geht nicht darum, die unterschiedlichen Positionen, die im Konflikt um Kohlebergbau in Deutschland eingenommen werden, umfassend darzustellen.

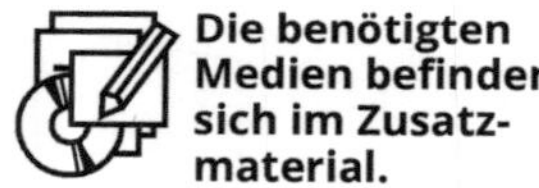

**Die benötigten
Medien befinden
sich im Zusatz-
material.**

Beantworten Sie mit dem Material an den unterschiedlichen Stationen die folgenden Fragen und halten Sie Stichpunkte zu den verschiedenen Protestformen auf dem Arbeitsblatt fest.

- Wogegen richten sich die verschiedenen Protestaktionen? Wie begründen die jeweiligen Akteure ihre Positionen?
- Wie wird protestiert?
- Für wen oder für was sind die verschiedenen Aktionsformen sinnvoll?

1. Juristischer Weg: Ein Anwohner wehrt sich
2. Klimacamp im Rheinland 2013
3. Besetzung der Kohlebahn
4. Hambacher Forst – Waldbesetzung
5. Vernetzungsprojekt der Anwohner_innen – Gelbes Band
6. Nandu Baumpatenschaften
7. Gewerkschaften

ANHANG:
BEISPIELE ZUM
›BAUKASTENSYSTEM‹

CLUSTER	MÖGLICHE EINHEIT
Umgang mit und Konflikte um Rohstoffe im Nord-Süd-Kontext Empfehlung für Sek I & Sek II	**Kapitel 2:** *Einführung Neo-Extraktivismus (davon 2.2. und 2.3. nur für Sek II)* + **Kapitel 3:** *500 Jahre Extraktivismus? Das Beispiel Bergbau in Potosí, Bolivien*

BEISPIEL 1

Kurzbeschreibung Cluster

Im Cluster ›Umgang mit und Konflikte um Rohstoffe im Nord-Süd-Kontext‹ sollen sich die SuS einleitend in einer **globalen Perspektive** mit der **Nutzung, Verteilung und dem Verbrauch von Rohstoffen** am Beispiel **Lateinamerikas** beschäftigen.

Ergänzend dazu gibt es für SuS der Sekundarstufe II eine Einheit, die sich mit dem Thema Rohstoffnutzung als **Entwicklungsmodell** (Neo-Extraktivismus) auseinandersetzt. Dabei werden **ökologische, soziale und wirtschaftliche Aspekte**, die aus dieser Art von Nutzung der Natur folgen, thematisiert und die Frage nach einem **zukunftsfähigen und nachhaltigen Umgang mit natürlichen Ressourcen** aufgeworfen. Vertiefend geht es um **Konflikte um die Nutzung von Ressourcen**.

Die abschließende Einheit zum Bergbau in Potosí (Bolivien) stellt in einer historischer Perspektive Eindrücke zum Umgang mit Rohstoffen in Lateinamerika vor und thematisiert dabei den Abbau von Rohstoffen vor dem Hintergrund **kolonialer Einflüsse** sowie **Nord-Süd-Interdependenzen**. [Diese letzte Einheit ist wieder für die Sek I wie die Sek II verwendbar.]

Verschlagwortung des Clusters mit Stichworten aus den Lehrplänen

- Einflüsse der Menschen auf den Naturraum
- Nutzung von Rohstoffen
- Verteilung von Rohstoffen/ Ressourcenverteilung
- Globale Ressourcen
- Ressourcenverbrauch
- Konflikte / Kampf um Ressourcen
- Globalisierung: neue Abhängigkeiten, globale ökonomische Strukturen vs. Nationalstaat
- Wirtschaftsleistung und gegenseitige Abhängigkeiten
- Ökonomie vs. Ökologie unter Berücksichtigung der Interdependenzen zwischen Nord und Süd

- **Wechselwirkung von naturräumlichen Gegebenheiten und Lebensformen der Menschen in verschiedenen Epochen und Räumen**
- **Historische Eindrücke zum Umgang mit Rohstoffen in Lateinamerika: Von der Entkolonialisierung zum Nord-Süd-Konflikt**

- **Rohstoffe:** Silber, Zinn, Zink, (Bergbau)
- **Themen:** Rohstoffverteilung; Exporte/Importe von Rohstoffen; Konflikte um Rohstoffe Arbeitsbedingungen; Wer eignet sich Profite an?; soziale Ungleichheit, Nord-Süd-Interdependenzen, Koloniale Einflüsse
- **Regionale Schwerpunkte:** Lateinamerika; Bolivien

BEISPIEL 2	CLUSTER	MÖGLICHE EINHEIT

Nachhaltiges Wirtschaften im tropischen Regenwald

Empfehlung für Sek I & II

Kapitel 5: *Konflikte um die Nutzung von Rohstoffen im brasilianischen Amazonasgebiet*
+
Kapitel 6: *Nachhaltige Nutzung des Regenwaldes und soziale Entwicklung zugleich? – Das Beispiel des Klimaschutzprogramms Socio Bosque in Ecuador*

Kurzbeschreibung Cluster

Das Cluster ›Nachhaltiges Wirtschaften im tropischen Regenwald‹ beschäftigt sich mit verschiedenen Formen der Nutzung des Regenwaldes. Am Beispiel von Konflikten um das Amazonas-Gebiet als globales Problemfeld werden Handlungsansätze für nachhaltige Entwicklung thematisiert.

Am Beispiel der kleinbäuerlichen Sammelwirtschaft im brasilianischen Amazonas-Gebiet und der Kontrastierung mit industriellen, großflächigen Eingriffen in die Umwelt sollen die SuS unterschiedliche Formen der Nutzung des Waldes kennen lernen. Dabei geht es sowohl um lokale Akteure als auch um die nationale Umweltpolitik und globale Verflechtungen sowie Herausforderungen in einer globalisierten Welt.

Ein zweites Beispiel zur Nutzung des Regenwaldes stellt das Programm Socio Bosque in Ecuador vor. Dabei wird die wirtschaftliche Nutzung des Waldes vor dem Hintergrund politischer Umwelt- und Klimaschutzprogramme auf nationaler wie globaler Ebene betrachtet. Die SuS setzen sich dabei am Beispiel der Entwaldung des ecuadorianischen Amazonasgebietes kritisch mit den Themen Klimaschutz, Nachhaltigkeit und Emissionshandel auseinander.

Verschlagwortung des Clusters mit Stichworten aus den Lehrplänen

- Umgang mit Umwelt in Brasilien
- Regionale/ globale Institutionen; nationale und internationale Politik
- global economic structures vs. the nation state; fight for resources
- **Eingriffe der Menschen in ein Ökosystem und deren Folgen an einem Beispiel aus den Tropen**
- **Nutzung des Regenwalds**
- **Landwirtschaftliche Nutzung in den Tropen unter dem Aspekt der Nachhaltigkeit**
- Gerechtigkeit, Gleichheit und Freiheit (u.a. Globalisierung und Chancengleichheit; globaler Umweltschutz und Gleichheit der Entwicklungschancen; Wirtschaftsethik)
- Retos para el futuro: globalizacion y desigualdades; el medio ambiente y formas de vida sostenible; urbanización y exodo rural; conciencia y responsabilidad
- sustained use of natural resources
- **Nachhaltigkeit: Politische Umwelt- und Klimaschutzprogramme auf regionaler/nationaler/europäischer und globaler Ebene, Umweltschutzpolitik, Emissionshandel**
- **Nachhaltigkeitsprobleme in der land- und forstwirtschaftlichen Nutzung**
- Nachhaltigkeit, Umwelt, Rohstoffversorgung, Abbau von Rohstoffen
- Herausforderungen in der globalisierten Welt
- alternative Weltentwürfe
- **responsabilidades frente a la sociedad propia y mundial y al mundo ecológico conciencia y responsabilidad**
- **Globales Problemfeld & Handlungsansätze für nachhaltige Entwicklung**

- **Rohstoffe:** Wald, Holz, Soja, Rinder
- **Themen:** Sammelwirtschaft, nachhaltige Nutzung des Waldes, Emissionshandel, Entwaldung, Klimawandel, Klimaschutz
- **Regionale Schwerpunkte:** Amazonas, Brasilien, Ecuador

CLUSTER	MÖGLICHE EINHEIT	BEISPIEL 3
Ressourcenkonflikte	**Kapitel 4:** Umweltgerechtigkeit bei der Ölförderung im ecuadorianischen Amazonasgebiet? +	
Empfehlung für Sek II	**Kapitel 2.4.:** Konflikte um Ressourcen in Lateinamerika +	
	Kapitel 8: Kohle aus Kolumbien als globale Energieressource +	
	Kapitel 9: Protest im Rheinischen Braunkohlerevier	

Kurzbeschreibung Cluster

Das Cluster thematisiert Ressourcenkonflikte und ihre ökologischen, sozialen wie wirtschaftlichen Implikationen. Beispielhaft werden zwei globale Konfliktfelder vorgestellt. Zum einen geht es um das Gerichtsverfahren gegen den Energiekonzern Chevron/Texaco, der für die Folgen der Ölförderung im Amazonasgebiet belangt wird. Dabei sollen Fragen zu Verantwortung, Umweltgerechtigkeit und dem Gegensatz zwischen Ökologie und Ökonomie aufgegriffen werden. Daneben geht es um den Abbau und die Nutzung des Rohstoffes Kohle als globales Problemfeld. Nach einer Auseinandersetzung mit den ökologischen und sozialen Folgen des Kohleabbaus in Kolumbien und in Deutschland, werden Handlungsansätze, die in diesem Konfliktfeld entwickelt wurden, vorgestellt. Außerdem soll die Frage aufgeworfen werden, wie ein Handeln für nachhaltige Entwicklung auf lokaler und globaler Ebene aussehen kann.

Verschlagwortung des Clusters mit Stichworten aus den Lehrplänen

- Ressourcen und ihre Nutzung
- **Kampf um Ressourcen, Ökologie-Bewegungen, ecological movements**
- Politische und wirtschaftliche Aspekte des **Kampfes um Rohstoffe/ Ressourcen** (insbesondere **Energie als Ressource**)
- Umweltpolitik
- Ökonomie und Ökologie

- **Wege zur Nachhaltigkeit auf lokaler und globaler Ebene**
- Berücksichtigung der Nord-Süd-Interdependenzen
- Umweltgerechtigkeit / Environmental Justice/ Verantwortung
- Globales Problemfeld & Handlungsansätze für nachhaltige Entwicklung

- Energien als Ressource
- Energieversorgung, Erdöl und Kohle

- **Rohstoffe:** Kohle, Erdöl, Energie als Ressource
- **Themen:** Konflikte um die Nutzung von Ressourcen, Ökologie vs. Ökonomie, Nachhaltigkeit, Handlungsmöglichkeiten
- **Regionale Schwerpunkte:** Lateinamerika, Kolumbien, Deutschland, Ecuador

BEISPIEL 4	CLUSTER	MÖGLICHE EINHEIT
	Energieversorgung, Energieverbrauch und Nord-Süd-Beziehung	**Kapitel 8:** *Woher kommt der Strom? Nord-Süd-Interdependenzen im Bereich Energie* +
	Empfehlung für Sek II	**Kapitel 10:** *Protest im Rheinischen Braunkohlerevier* + **Kapitel 5:** *Umweltgerechtigkeit am Beispiel der Ölförderung im ecuadorianischen Amazonasgebiet*

Kurzbeschreibung Cluster

Im Cluster ›*Energieversorgung, Energieverbrauch und Nord-Süd-Beziehungen*‹ geht es um Energie als Ressource in einer globalen Perspektive. Am Beispiel der Rohstoffe Kohle und Erdöl werden globale Problemfelder und Handlungsansätze für nachhaltige Entwicklung betrachtet. Die SuS lernen am Thema Energieversorgung exemplarisch Nord-Süd-Interdependenzen kennen und setzten sich mit Handlungsperspektiven verschiedener Akteure und verschiedener Handlungsebenen auseinander.

Verschlagwortung des Clusters mit Stichworten aus den Lehrplänen

- ***Energie als Ressource***
- ***Energiepolitik***
- ***Energieversorgung, Erdöl und Kohle***

- *Globales Problemfeld und* ***Handlungsansätze für nachhaltige Entwicklung***
- ***Wege zur Nachhaltigkeit auf globaler und lokaler Ebene (u.a. Klimaentwicklung und Einfluss des Menschen auf das Klima)***
- ***Notwendigkeit nachhaltiger Ressourcennutzung von Rohstoffen und Energie***
- ***ökologische Herausforderungen im privaten und wirtschaftlichen Bereich (u.a. Umgang mit Energie)****; Nachhaltigkeit gesellschaftlichen Handelns; Ursachen und globale Aspekte ökologischer Krisen sowie mögliche Zukunftsszenarien*
- *Handlungsperspektiven*
- *Verantwortung*
- ***ecological movements***
- *Ökonomie und Ökologie*
- *Berücksichtigung der* ***Nord-Süd-Interdependenzen***

- ***Rohstoffe:*** *Kohle, Erdöl, Energie als Ressource*
- ***Themen:*** *Konflikte um die Nutzung von Ressourcen, Ökologie vs. Ökonomie, Nachhaltigkeit, Handlungsmöglichkeiten*
- ***Regionale Schwerpunkte:*** *Kolumbien, Deutschland, Ecuador*

IMPRESSUM

MENSCHEN.NUTZEN.NATUR.
Zum Umgang mit Rohstoffreichtum in Lateinamerika.
Unterrichtsmaterialienreihe Wissen um globale
Verflechtungen. Band 1.

Reihenherausgeber
Center for Interamerican Studies (CIAS) an der
Universität Bielefeld

**Koordination der
Unterrichtsmaterialienreihe**
Jochen Kemner, Anne Tittor, Olaf Kaltmeier

Autor_innen dieser Mappe
Johanna Below da Cunha, Kristina Dietz,
Yvonne Rössler, Sebastian Rötters, Nicole Schwabe,
Anne Tittor

Koordination dieser Mappe
Anne Tittor, Nicole Schwabe

Gestaltung
Nathow & Geppert

Druck
Februar 2016, kipu Verlag, getragen vom
Förderverein InterAmerikanische Studien e.V.
ISBN 978-3-946507-00-0
ISSN 2366-4916
Bielefeld

Entstanden im Rahmen der Projekte ›Kompetenznetz
Lateinamerika‹ und ›Die Amerikas als Verflechtungsraum‹, finanziert durch das BMBF (Bundesministerium
für Bildung und Forschung)

Hinweise zur kostenlosen Bestellung der
Zusatzmaterialien finden Sie unter
www.uni-bielefeld.de/cias/
unterrichtsmaterialien.html

Bestellnummer: 946507-00-0

Umschlagsgestaltung Nathow & Geppert
auf Grundlage von Fotos von
Karina Lange, Marco Guerrero und Mirko Petersen